U0272151

热带农业
物联网技术实践与发展

◎ 李汉棠　吴志霖　李玉萍　刘晓飞　时艳茹　编著

中国农业科学技术出版社

图书在版编目（CIP）数据

热带农业物联网技术实践与发展／李汉棠等编著. —北京：中国农业科学技术
出版社，2018.12

ISBN 978-7-5116-3981-3

Ⅰ.①热… Ⅱ.①李… Ⅲ.①互联网络-应用-热带作物-农业发展-研究-中国
②智能技术-应用-热带作物-农业发展-研究-中国 Ⅳ.①F323-39

中国版本图书馆 CIP 数据核字（2018）第 294120 号

责任编辑　徐定娜
责任校对　李向荣

出 版 者　中国农业科学技术出版社
　　　　　北京市中关村南大街 12 号　邮编：100081
电　　话　（010）82109707（编辑室）　（010）82109702（发行部）
　　　　　（010）82109709（读者服务部）
传　　真　（010）82106650
网　　址　http://www.castp.cn
经 销 者　各地新华书店
印 刷 者　北京建宏印刷有限公司
开　　本　787mm×1 092mm　1/16
印　　张　12.5
字　　数　305 千字
版　　次　2018 年 12 月第 1 版　2018 年 12 月第 1 次印刷
定　　价　68.00 元

前　言

我国是一个传统的农业大国，农业是国民经济的基础，农业生产的发展关系到人类生存、社会安定、人民生活水平的提高。热带农业是中国农业重要组成部分，主要包括热带作物、热带水产品和畜产品等产业，是生产重要的国家战略资源和日常消费品的产业，同时也是中国 50 万 km^2 热区的重要经济支柱。

物联网概念最早于 1999 年被提及，即把所有物体通过射频识别等信息传感设备与互联网连接起来，实现智能化识别和管理。而农业物联网则随着物联网概念的提出应运而生。同时像朗坤物联网这种专做农业物联网领域建设的企业也如雨后春笋般快速发展起来。在传统农业中，获取耕种田信息的方式很有限，主要是通过人工测量，获取过程需要消耗大量的人力。现代农业中，应用物联网可以实时地收集温度、湿度、风力、大气、降水量，精准地获取土壤水分、压实程度、电导率、pH 值、氮素等土壤信息。从而进行科学预测，帮助农民抗灾、减灾，科学种植，提高农业综合效益，实现农业生产的标准化、数字化、网络化。随着智能农业、精准农业的发展，通信网络、智能感知芯片、移动嵌入式系统等技术在农业中的应用逐步成为研究的热点。

物联网在农业上的应用非常广泛：主要包括智能化培育控制，农产品质量安全，设施农业病虫害生物控制，环境和动植物信息监测，粮食物流，农业信息化应用等多个方面。应用物联网技术通过各种传感器采集信息，可以帮助农业从业者及时发现问题，并且准确地确定发生问题的位置，这样农业将逐渐地从以人力为中心、依赖于孤立机械的生产模式转向以信息和软件为中心的生产模式，从而大量使用各种自动化、智能化、远程控制的生产设备。应用农业物联网可以有效降低人力消耗和对耕种田环境的影响，获取精确的作物环境信息，将从降低人工成本、节约能源、提升产品品质、提高产量等方面促进农业的发展，加速实现农业农村现代化。

农业是我国的基础性产业，大部分的农业劳动都是由人工完成的，其智能化水平比较低。物联网是继计算机互联网之后的第三次产业革命。随着物联网技术的引进与应用逐步实现了现代农业的智能化控制，农业生产在信息化应用的基础上跨出了一大步，从而将粗放的农业管理方式转向了信息化和集约型的管理控制，降低劳动力成本，保证农产品的质量安全，促进现代农业的迅速发展。随着国内外互联网的快速发展，计算机以及网络通信等技术拉近了人们之间的距离，增强了人与人之间的相互沟通。而物联网的应用与快速发展，更进一步地加深了人们对万事万物的了解。物联网可以将各种信息传感设备与互联网相连接，从而实现其智能化识别与管理。在人类生活和生产过程中，具有信息感知特点的物联网将会拥有更加广阔的应用前景。就现阶段而言，物联网已经成为我国的新兴产业。

我国是发展中国家，热带农业的发展是关系到我国国计民生的基础性产业，其信息化和智能化的程度不可忽视。把物联网引入和应用到科学研究和农业生产中，对加快农业智能化生产的发展，提高预防各种自然灾害的能力，建设现代化农业具有深远的意义和非常大的作用。目前，我国在热带农业生产、资源利用以及其他方面的科学研究都采用了多种信息技术，并且都取得了很大的发展。尽管如此，与发达国家的热带农业进行比较而言，我国仍存在较大的差距。发达国家的平均单位产量比我国高出30%，我国的单位产量成本反而比发达国家多出50%，这主要是因为我国农村的信息基础设施相对落后，比如信息的获取、保存、传输、处理等过程，大部分还使用传统的手工方式，利用计算机等现代化设备处理信息的比率还比较低。所以，我国的农业生产效率比较低。农业从业者往往不能及时地得到相关的信息，信息传播不及时。应该根据不同地区的不同特点，进行有目的有针对性的改善和发展，将农业信息化最大限度地利用起来。

本书是一本较为全面、系统阐述热带农业物联网技术实践与发展的科普读物。全书共分为4篇：第一篇为基础篇，主要介绍热带农业及物联网的基础知识与现状和发展趋势；第二篇为技术篇，主要介绍现代热区的主要技术要素，包括传感技术和传输技术；第三篇为应用篇，主要介绍了物联网技术在热区作物上的示范应用，包括热带物联网现代标准示范园、热带果木水肥一体化示范基地及品质资源追溯平台的建设应用；第四篇为未来篇，展望物联网时代下的热区农业发展机遇，物联网让热区农业更智慧！

本书借鉴和吸收了学术界广大同人的有关研究成果，限于篇幅，除书后列出的参考文献外，还有很多参考资料无法一一列出，在此谨致谢意。希望我们的研究能为热区农业的发展起到一定的促进作用。热带农业物联网技术实践与发展虽然不是什么拓荒之举，但仍然算一个崭新领域，也是一个涉及面广、实践性强的领域，限于作者水平和掌握的资料不足，书中有疏漏和不当之处，敬请广大读者批评指正。

目　录

第1篇：基础篇

——热区的科技梦

1 热带农业概述

1.1 什么是热区

热带地区简称为"热区"，指南北回归线之间的地带，地处赤道两侧，位于南北纬23°26′之间的热带，面积占全球总面积的39.8%。特点是全年高温且温度变幅很小。在回归线上，本地带太阳高度终年很大，在两回归线之间的广大地区，一年有一次太阳直射现象，其他热带地区，一年内有两次直射，而且，这里正午太阳高度终年较高，变化幅度不大，因此，这一地带终年能得到强烈的阳光照射，气候炎热，称为热带。赤道上终年昼夜等长，从赤道到南北回归线，昼夜长短变化的幅度逐渐增大。在回归线上，最长和最短的白昼相差2小时50分。

热带地区除个别部分外，人口稀疏，大城市少，经济发展比较缓慢，许多地方为单一的种植业，有广阔的未开发土地。热带光热气候资源充足，作物生长周期短，单位面积年净生产力高。热带的动物和植物种类多，矿产资源十分丰富，开发潜力大。

热带气候与农业生产密切相关。世界上能够进行热带作物种植的土地面积约5亿多公顷，由于热带地区高温多雨、全年长夏无冬、水热资源丰富、植物生长繁茂，世界主要热带作物有天然橡胶、油棕、椰子、木薯、胡椒、槟榔、香荚兰、咖啡、可可、香蕉、芒果、菠萝、番木瓜、油梨、腰果等多种。热带地区主要是种植园大规模种植单一经济作物的密集型商品农业，种植园农业往往从事的是大规模生产。园内拥有一套完整的生产、生活设施，不少种植园不仅有农业和运输机械，还有园内的道路系统、农产品加工厂、农机具维修厂、供电供水以及教育、卫生设施。在这些地区有许多特殊的植物资源，如咖啡、可可、茶；香蕉、菠萝、芒果；油棕、剑麻、烟草、棉花和黄麻，它们在世界的经济作物中占有重要地位。

热带农业普遍具有作物生长季节长，种类及品种繁多，且富于热带性，四时宜农，作物经济价值高等特点。世界热带农业主要分布在东南亚及南亚，南美洲的亚马逊河流域，非洲的刚果河流域及几内亚湾沿岸等地。因受社会经济、历史条件的影响，上述地区除发展少数商品性热带种植园经济外，绝大部分地区仍以传统农业为主，部分地区尚处于原始农业形态。

1.1.1 世界热区科普

1.1.1.1 气候特点

全年气温较高，四季界限不明显，日温度变化大于年温度变化。

1.1.1.2 气候分布

（1）热带雨林气候主要分布在赤道附近地区，全年高温多雨，且各月均匀。

（2）热带草原气候主要分布在非洲和南美洲赤道雨林气候的南北两侧。终年高温，一年中有明显的干季和雨季（降水分干湿两季）。

（3）热带季风气候以亚洲南部、东南部的印度半岛和中南半岛最为显著。这种气候终年高温，一年中也可以分为旱雨两季，风向随季节而变化。旱季，风从陆地吹向海洋，干旱少雨；雨季，风从海洋吹向陆地，降水集中。

（4）热带沙漠气候主要分布在南北回归线附近的大陆西岸和内陆地区，这种气候降水量稀少，终年炎热干燥，地面有大片的沙漠。

1.1.1.3 热带地区国家分布情况

亚洲：中国（海南岛，台湾、广东、云南等省部分）、越南、老挝、泰国、柬埔寨、缅甸、马来西亚、新加坡、文莱、菲律宾、印度尼西亚、东帝汶、印度（部分）、孟加拉国（部分）、斯里兰卡、马尔代夫；

大洋洲：大洋洲除澳大利亚中南部、新西兰外全属于热带；

非洲：非洲地区除了北非诸国和南非外，大都属于热带；

拉丁美洲：除了阿根廷、智利大部、墨西哥北部不属于热带外，其他都属于热带。

1.1.2 中国热区科普

我国热区地域辽阔，55个少数民族中有36个少数民族集中分布在热带地区。

中国热带地区包括海南和云南省南部的西双版纳、红河，广东的雷州半岛，广西壮族自治区（全书简称广西）、福建、湖南、四川省河谷南端地带、南海诸岛及台湾省南部。这些地区地形复杂，气候多样，光热充足、降水丰沛，属热带季风气候，有"天然温室"的美称。

1.2 热区作物科普

热带作物一般具有多年生习性，多起源于或长期栽种于热带，一般要求较高的热量条件。热带作物分为热带经济作物类、天然橡胶类、硬质纤维类及热带作物机械类。主要包括天然橡胶、木薯、油棕等工业原料，香蕉、荔枝、芒果等热带水果以及咖啡、桂皮、八角等香（饮）料，是重要的国家战略资源和日常消费品。

1.2.1 热带经济作物类

（1）热带经济作物主要包括热带水果和坚果，热带香辛饮料，热带油料，热带观赏植物，热带块茎作物，糖料，南药及其他。

（2）热带水果和坚果：香蕉、芒果、龙眼、荔枝、菠萝、杨桃、红江橙、毛叶枣、番石榴、番木瓜、番荔枝、西番莲、木菠萝、澳洲坚果、榴莲、黄皮、莲雾、腰果、红毛丹、山竹、火龙果等。

（3）热带香辛饮料：咖啡、胡椒、可可、香荚兰、苦丁茶等。

（4）热带油料：椰子、油棕等。

（5）热带观赏植物：花卉等。

（6）热带块根（茎）作物：木薯、槟榔芋等。

（7）糖料：甘蔗等。

（8）南药：槟榔、益智等。

（9）其他：牧草、芦荟、四棱豆、石斛等。

1.2.2　天然橡胶类

天然橡胶是一种重要的世界性的大宗工业原料和战略资源，具有很强的弹性、良好的绝缘性、耐曲折的可塑性、隔水隔气的气密性、抗拉伸和坚韧的耐磨性能等，是一种综合性能优良的弹性材料，被广泛用于工业、国防、交通、民生、医药和卫生等领域。产地主要集中在泰国、印度尼西亚、马来西亚、中国、印度、斯里兰卡等少数亚洲国家和尼日利亚等少数非洲国家。我国的天然橡胶产地主要分布在海南、云南、广东、广西和福建等地区。

天然橡胶是由人工栽培的三叶橡胶树分泌的乳汁经凝固、加工而制得，其主要成分为聚异戊二烯，含量在90%以上，此外还含有少量的蛋白质、脂肪酸、糖分及灰分。天然橡胶按制造工艺和外形的不同，分为烟片胶、颗粒胶、绉片胶和乳胶等。但市场上以烟片胶和颗粒胶为主。

天然橡胶因其具有很强的弹性和良好的绝缘性、可塑性、隔水隔气、抗拉和耐磨等特点，广泛地运用于工业、农业、国防、交通运输、机械制造、医药卫生领域和日常生活等方面，如交通运输上用的轮胎；工业上用的运输带、传动带、各种密封圈；医用的手套、输血管；日常生活中所用的胶鞋、雨衣、暖水袋等都是以橡胶为主要原料制造的；国防上使用的飞机、大炮、坦克，甚至尖端科技领域里的火箭、人造卫星、宇宙飞船、航天飞机等都需要大量的橡胶零部件。

1.2.2.1　世界天然橡胶技术发展趋势

天然橡胶产业关联度大，涉及交通运输业、国防工业、建筑业、消费类产业和医疗业等，世界上主要的天然橡胶生产国和消费国都在采用各种方式加紧争夺对天然橡胶资源及高端技术的实际控制权，并试图以此驾驭全球天然橡胶市场。在未来一段时间，天然橡胶生产将面临着世界性的环境变化、劳动力短缺与合成橡胶等产业竞争的挑战和可持续发展的压力，天然橡胶生产技术呈现出多元化发展趋势。

（1）育种目标和手段趋向多元化。随着全球气候变化和极端天气现象增多，植胶园区向非传统植胶区发展、刺激割胶常规化以及对橡胶制品质量和品种的需要，橡胶树选育种需要从过去的生长、产量选择，扩大到抗风、抗寒、抗旱、抗病、耐刺激和胶乳特性等的选择，育种目标渐趋多元化。

此外，由于国内外大量研究发现砧木对接穗生长、产量和抗逆性具有显著影响，橡胶树选育种也将从以往关注地上部分——接穗的遗传改良，到关注砧木的改良。随着组织培养技术的不断完善，接穗—砧木一体化育种将成为橡胶树育种研究新方向。

（2）胶园管理趋于精细化。关于长期植胶而导致的土壤肥力降低、理化性质恶化问题日益受到关注，胶园土壤管理与施肥技术趋于精准化、高效化态势。近期已开展利用遥感影像解译出橡胶园图，同时对胶园土壤性质和胶树营养状况进行详查，绘制出详细的胶园土壤品质和养分分布图，然后利用橡胶树龄、种植密度、土地指数等参数调整肥料模型，为土壤管理和施肥等精准化管理提供依据。在橡胶树专用肥料研发方面，也向着浓缩化、缓效/长效化、多功能化发展，以满足橡胶树割胶生产期对养分的不同需要。

（3）采胶趋于高效安全化。为解决割胶工短缺和死皮病高发问题，高效、安全是未来采胶技术发展的目标。在未来一段时间，低频率、短割线和安全高产刺激技术是采胶技术研究的重点。化学刺激已取得了骄人的成就，更为高效安全的化学刺激尚有待相关理论的突破，而物理刺激是一个崭新的领域。此外，为应对割胶工短缺问题，20世纪90年代由马来西亚首先提出了气刺微割技术，经过10多年的试验与示范，已显示出其在提高割胶劳动生产率上的优势。目前各主要植胶国家都开展了该技术的试验示范。

（4）病虫害防治趋于统防统治。随着全球气候变化和植胶区生态安全水平下降，胶园常见病虫害发生的面积和频次逐年增加，新的危险性病虫害不断出现，次要病虫害上升为主要病虫害。而同时鉴于产业化水平的提高和生态环境安全的实际需求，在新的发展时期，胶园病虫害防控将向专业化统防统治方向发展，包括抗逆种植材料培育、区域种植结构优化、天敌资源的开发与利用、植株抗逆性诱导、多效无害化防控技术研发、利用遥感技术等，以减少农药施用对环境造成的危害。

（5）加工技术趋于清洁化和节能化。为降低天然橡胶初加工能耗，减少环境污染，满足对初产品质量和品种要求，在近期乃至今后一段时间，天然橡胶初加工技术主要致力于低能耗清洁加工技术研发，如机械脱水、天然气辅助沼气等清洁能源的利用。同时设计封闭式自动化生产线，开发低蛋白橡胶、恒粘橡胶、环氧化胶等新产品。此外，加工与上游的育种开始寻找结合点，如培育适合生产环氧化天然胶乳和恒粘天然橡胶的品种，减少加工所需成本及环节。

1.2.2.2 我国天然橡胶的发展现状

（1）加强橡胶树选育种研究。拓展资源收集渠道，加强资源的挖掘利用和创新，开展育种理论研究，加快适合我国不同植胶环境的抗风、耐寒、高产、速生橡胶树新品种的选育和引进；在全国不同植胶类型区安排新品种适应性试种，加速新品种的选育和推广进程，为我国各植胶区品种的储备和更新换代打下良好基础。突破传统橡胶树无性繁殖技术，开发橡胶树新型种植材料；在选育接穗的基础上，研究开发优良无性砧木，大幅改良砧木材料；改造传统芽接技术，研究培育优势互补的砧穗组合，充分发挥接穗和砧木的优良特性，以大幅改良橡胶树种植材料，推动我国天然橡胶产业进一步升级发展。

（2）开发高产高效实用栽培技术。开展针对全球气候变化、劳动力短缺、产业竞争等挑战和可持续发展压力的先进实用技术研发，重点开展缩短非生产期、抗灾减灾栽培、高效施肥、高效安全割胶、重要病虫害防控、胶园间作技术和胶园土壤地力培养等研究，力争在橡胶树速生、抗寒、抗风、抗旱、抗病、养分高效利用、高产刺激及生物防控的机理上有新突破。开发一批包括抗逆种植模式、高效肥料、安全刺激技术、生物防控技术、大规模成龄胶园间作技术和胶园土壤培肥技术等先进实用技术。

（3）加快病虫害综合防控技术研究。进一步加强主要病虫害的监测预报，抓早抓准，把握最佳防治时机、喷药次数和药物用量，从而最大限度提高防治效果。摸清病虫害发生危害的规律，优化区域种植结构，利用开发天敌资源，控制现有主要病虫害，防范潜在危险性的病虫害。开展病原生物—寄主互作的分子生物学基础研究，开发新型防治药剂。推进抗病选育种，开展抗性种质的筛选和利用，发展水平抗性，减少农药施用对环境造成的危害。

（4）开展综合栽培技术集成与推广。以速生、高产品种为核心，开展种植模式、施肥管理、病虫害管理和割胶技术等技术配套研究，在各植胶区建立多个示范点。通过实地示范、网络推介、远程咨询和办班培训等手段，加快先进实用技术在生产中的推广应用，快速提高我国天然橡胶生产的整体科技水平。

（5）加大精深加工的研发。加大天然橡胶原材料精深加工的开发力度，针对汽车和航空两大终端用户，重点在低滚动阻力、滚动阻力、滚动噪声及高湿抓着力（抗湿滑）等特性高性能轮胎专用胶和高弹性、高强度、高抗撕裂、高耐磨、高阻尼、超低生热、耐屈挠变形及低压缩变形航空航天军工专用胶开展研究，为我国相关工业领域提供高端原材料配套。此外，加强改性天然橡胶的生产工艺与配套装备的研发，丰富天然橡胶的产品结构，拓展天然橡胶的应用范围，扩大天然橡胶在轮胎填料分散改性、密封件、防腐件、工程阻尼和减震件等中的应用。

1.2.3 硬质纤维类

植物纤维是自然界天然的高分子材料，植物纤维是由植物的种子、果实、茎、叶等处得到的纤维，是天然纤维素纤维。

1.2.3.1 硬质纤维的分类

从植物韧皮得到的纤维（如亚麻、黄麻、罗布麻等），从植物叶上得到的纤维（如剑麻、蕉麻等），称为硬质纤维。植物纤维的主要化学成分是纤维素，故也称纤维素纤维。

植物纤维包括种子纤维、韧皮纤维、叶纤维、果实纤维。

种子纤维：是指一些植物种子表皮细胞生长成的单细胞纤维，如棉、木棉。

韧皮纤维：是从一些植物韧皮部取得的单纤维或工艺纤维，如亚麻、苎麻、黄麻、竹纤维。

叶纤维：是从一些植物的叶子或叶鞘取得的工艺纤维，如剑麻、蕉麻。

果实纤维：是从一些植物的果实取得的纤维，如椰子纤维。

1.2.3.2 硬质纤维的用途

纤维的充填能有效地提高塑料的强度和刚度。纤维增强塑料属刚性结构材料。纤维增强塑料主要有两个组分。基体是热固性塑料或热塑性塑料，用纤维材料充填。通常基体的强度较低，而纤维填料具有较高的刚性但呈脆性。两者复合得到的增强塑料中，纤维承受很大的载荷应力，基体树脂通过与纤维界面上的剪切应力支撑纤维传递外载荷。

由于纤维的固有特性，常用于增强热固性塑料。硼纤维本身是钨丝和硼的复合材料，具有较高的弹性模量，但纤维较粗且制造成本高。常用环氧树脂作基体。低密度的芳纶纤维国内已经躬行并使用，它用于承受拉应力的缆绳和承力构件。

表面处理是在纤维表面涂覆表面处理剂，表面处理剂包括浸润剂及一系列偶联剂和助剂。偶联剂能在纤维与基体树脂间形成一个良好黏合界面，从而有效提高两者的黏结强度，也提高了增强塑料的防水、绝缘和耐磨等性能。

1.2.3.3 硬质纤维的应用领域

（1）纺织。纤维是天然或人工合成的细丝状物质。在现代生活中，纤维的应用无处不在，而且其中蕴含的高科技处处可见。导弹需要防高温，江堤需要防垮塌，水泥需要防开裂，血管和神经需要修补，这些都离不开纤维。

阻燃纤维是在国家"863"计划研究成果基础上开发的一种具有阻燃抗熔性能的高技术纤维新材料。该产品采用新一代纤维阻燃技术——溶胶凝胶技术，使无机高分子阻燃剂在粘胶纤维有机大分子中以纳米状态或以互穿网络状态存在，既保证了纤维优良的物理性能，又实现了低烟、无毒、无异味、不熔融滴落等特性。该纤维及纺织品同时具有阻燃、隔热和抗熔滴的效果，其应用性能、安全性能和附加值大大提高，可广泛应用于民用、工业以及军事等领域。

（2）军事。纤维更大的作用早已不仅停留在日常穿着了，粘胶基碳纤维帮导弹穿上"防热衣"，可以耐几万度的高温；无机陶瓷纤维耐氧化性好，且化学稳定性高，还有耐腐蚀性和电绝缘性，航空航天、军工领域都用得着；聚酰亚胺纤维可以做高温防火保护服、赛车防燃服、装甲部队的防护服和飞行服；碳纳米管可用作电磁波吸收材料，用于制作隐形材料、电磁屏蔽材料、电磁波辐射污染防护材料和"暗室"（吸波）材料。

（3）环保。聚乳酸作为可完全生物降解性塑料，越来越受到人们重视。可将聚乳酸制成农用薄膜、纸代用品、纸张塑膜、包装薄膜、食品容器、生活垃圾袋、农药化肥缓释材料、化妆品的添加成分等。

（4）医药。纤维在医药方面的应用已非常广泛。甲壳素纤维做成医用纺织品，具有抑菌除臭、消炎止痒、保湿防燥、护理肌肤等功能，因此可以制成各种止血棉、绷带和纱布，废弃后还会自然降解，不污染环境；聚丙烯酰胺类水凝胶可能控制药物释放；聚乳酸或者脱乙酰甲壳素纤维制成的外科缝合线，在伤口愈合后自动降解并吸收，病人就不用再动手术拆线了。

（5）建筑。防渗防裂纤维可以增强混凝土的强度和防渗性能，纤维技术与混凝土技术相结合，可研制出能改善混凝土性能，提高土建工程质量的钢纤维以及合成纤维，前者对于大坝、机场、高速公路等工程可起到防裂、抗渗、抗冲击和抗折性能，后者可以起到预防混凝土早期开裂，在混凝土材料制造初期起到表面保护作用。在公路、水电、桥梁、国家大剧院、上海市公安局指挥中心屋顶停机坪、上海虹口足球场等大型工程中已露了一手。

（6）生物。随着生物科技的发展，一些纤维的特性可以派上用场。类似肌肉的纤维可制成"人工肌肉""人体器官"。聚丙烯酰胺具有生物相容性，一直是人体组织良好的替代材料，聚丙烯酰胺水凝胶能够有规律地收缩和溶胀，这些特性正可以模拟人体肌肉的运动。

胶原是人体中最多的蛋白质，人体心脏、眼球、血管、皮肤、软骨及骨骼中都有它的存在，并为这些人体组织提供强度支撑。合成纳米纤维能在骨折处形成一种类似胶质的凝胶，引导骨骼矿质在胶原纤维周围生成一个类似于天然骨骼的结构排列，修补骨骼于无形之中。

蜘蛛丝一直是人类想要模仿制造的天然纤维，天然蜘蛛丝的直径为4微米左右，而它的牵引强度相当于钢的5倍，还具有卓越的防水和伸缩功能。如果制造出一种具有天然蜘蛛丝特点的人造蜘蛛丝，将会具有广泛的用途。它不仅可以成为降落伞和汽车安全带的理想材料，而且可以用作易于被人体吸收的外科手术缝合线。

1.2.4　热带作物机械类

当前，我国农业生产已经从依靠人力畜力为主转到以机械作业为主的新阶段，农业各领域对农业机械化的需求越来越迫切，广大农民对农机装备的依赖越来越明显。但农业机械化发展还不平衡不充分，经济作物和畜牧业、渔业、农产品初加工、设施农业的机械化水平还较低，南方丘陵山区的机械化水平有待提高，技术集成配套应用刚刚起步，迫切需要加大农机化技术推广力度，促进农机科技成果转化应用和集成配套，引领推动农业机械化转型升级。

热带作物机械是热带农业的重要组成部分，主要包括热带作物的种植、管理、收获和加工机械等。随着热带农业发展的需要，热带作物机械类型已由传统的天然橡胶初加工机械和剑麻加工机械逐步扩展到木薯、咖啡、椰子、胡椒、热带水果加工机械以及甘蔗生产机械、菠萝叶纤维加工机械等热作领域的各个方面。

1.2.4.1　热带作物机械发展存在的问题

（1）由于管理体制改革滞后、一贯不变的产品结构等原因，在一定程度上限制了企业竞争力的提高。

（2）由于受经营状况和地理位置较偏的影响，热作机械生产企业技术骨干严重流失，造成企业技术工作后继无人，产品科技含量和开发能力不足。

（3）企业资金不足，产品质量不稳。

（4）热带作物机械是热带农业生产必不可少的设备。其必然受到热带农产品市场价格升降的影响。如橡胶和剑麻产品市场价格高时，相配套的热作机械产品销售就好，反之则差。

（5）热带作物机械涵盖范围广、差异大、生产批量小、技术难度较高，所以开发研究过程较长。目前除了较大宗的天然橡胶初加工和剑麻加工机械较成熟、形成了一定的批量，并在生产中得到较好的应用外，在甘蔗生产机械化、热带水果生产及保鲜加工机械、农业资源综合利用机械和热带经济作物机械方面，虽然先后研制出了一些样机，但多数机械的技术性能尚不成熟，不能被广泛应用。如甘蔗收获机械，在倒伏严重、杂草丛生的恶劣条件下则不能正常工作。

1.2.4.2　热带作物机械的发展方向

（1）加快改进传统的热带作物机械。传统的热作产品加工机械与我国天然橡胶和剑麻等热带作物的生产发展是密不可分的。根据市场需求，一方面国内天然橡胶和剑麻种植面积在不断扩大，天然橡胶和剑麻纤维的价格也在日益攀升。另一方面还大力推进"走出去"战略，大规模建设海外天然橡胶基地。这些都将增加传统热带作物机械的需求量，是热带作物机械大发展的契机。

天然橡胶初加工机械和剑麻加工机械生产历史较长，属于较成熟的机械，也是两种能形成批量的设备。为了适应当今天然橡胶和剑麻生产产业化的需要和不断改进的加工新工艺的要求，一是应集中技术力量尽快对原有设备进行研究、改进。要重点考虑解决原有一些机械存在的噪声过大、主要工作部件硬度偏低、安全防护装置不合理等问题。二是要研制适合规模化生产的大型机械设备，要有较高的技术、质量起点和应对国际竞争的优势。

（2）研制与国情相适应的甘蔗机械。甘蔗是我国广东、广西、云南等热带地区的主要农作物之一，亦是当地农民脱贫致富的主要经济来源之一。甘蔗生产一年为一个周期，其生产过程体力繁重、劳动强度较大，迫切需要由机械化作业来替代。由于国产甘蔗机械普遍存在着工作可靠性和适应性差，而引进的国外机械又存在与我国甘蔗生产农艺不配套或不适应我国甘蔗质量标准、地况条件等问题，因而造成我国甘蔗生产机械化程度明显低于粮油作物。目前食糖需求量远远大于产量、甘蔗价格不断攀升的形势，必将促进甘蔗生产的大力发展，甘蔗生产机械化问题显得越来越突出。为了加快实现甘蔗机械化的步伐，首先应对现有甘蔗机械存在的问题进行针对性改进，重点解决好如甘蔗种植机生产效率低、投种均匀性差、易损伤蔗芽和对弯曲蔗种适应能力差等问题；甘蔗收获机对因倒伏弯曲的甘蔗和地况不适应问题。其次可根据中国国情，结合自主创新，消化、吸收和引进美国、澳大利亚、巴西等国的甘蔗生产机械，以加快我国甘蔗机械的研究与开发进程。

（3）大力发展热带农业综合利用机械。建设节约型农业，是建设节约型社会、发展循环经济的重要内容之一。热带地区有着丰富的农业废弃物资源，如菠萝叶、香蕉茎秆、甘蔗叶等。研究和开发热带农业废弃物资源，对其进行有效、充分利用，是解决资源短缺、减少浪费、保护环境、增加收入的一个有效途径。热带农业废弃物的综合利用、加工，除了必要的技术工艺外，始终离不开配套机械。目前在热带农业废弃物综合利用研究领域中，已陆续开展了一些研究项目，如对菠萝叶、香蕉茎秆纤维的提取、加工及相应产品的开发已取得了阶段性成果，先后研制出了一系列配套机械，如菠萝叶刮麻机、洗涤机、打包机和香蕉茎秆刮麻机，破片机等。其中菠萝叶刮麻机、香蕉茎秆切割破片机取得了国家实用新型专利；甘蔗叶综合利用方面，广东、广西都研制出了不同类型的甘蔗叶粉碎还田作业机械等。热带农业综合利用加工机械是近些年来随着热带农业综合利用发展需要而产生的新类型，该类设备还有待进一步完善和改进。如菠萝叶连续刮麻机还存在提取率较低、含杂率较高等问题；甘蔗叶粉碎还田机的捡拾机构不可靠、动力消耗偏大及对起垄地不适应等问题。此外，纤维的整理机械还有待进一步开发研制。总之，综合利用机械将是今后热带作物机械开发研究的重点之一。

（4）加大热带农业机械推广力度。农业机械是现代农业的重要基础。热带农业机械化程度与发达地区相比有较大的差距，原因之一就是对农业机械推广的重视不够以及缺乏有效的管理运行体系。我们花大气力研究了很多产品，但有相当一部分鉴定后没有转化到生产中去。

2　现代热带农业

农业是全面建成小康社会、实现现代化的基础，是稳民心、安天下的战略产业。实现农业现代化，是我国农业发展的重要目标。习近平总书记强调，没有农业现代化，国家现代化是不完整、不全面、不牢固的。经过多年努力，我国农业现代化建设取得巨大成就。2018年，农业科技进步贡献率超过60%，主要农作物良种基本实现全覆盖，耕种收综合机械化水平达到70%，农田有效灌溉面积占比超过52%，农业物质装备技术水平显著提升。

但是，我们也清醒地认识到，农业还是现代化建设的短板，农村还是全面建成小康社会的短板。我国农业产业大而不强，农产品多而不优，一、二、三产业融合不深；农业生产基础依然薄弱，现代设施装备应用不足，科技支撑能力仍然不强；农业经营规模偏小、主体素质偏低，千家万户的小农户生产经营方式难以适应千变万化的大市场竞争要求，农业发展质量效益和竞争力亟待提高。

现代农业是以现代发展理念为指导，以现代科学技术和物质装备为支撑，运用现代经营形式和管理手段，形成贸工农紧密联结、产加销融为一体的多功能、可持续发展的产业体系。面对实施乡村振兴战略的新形势，全面建设小康社会和构建和谐社会的新局面，发展现代农业具有重要的意义。近些年来，农民老龄化、农业兼业化问题日趋严峻，未来谁来种地、如何种地问题日益凸显；农业资源开发利用强度过大，农业生态环境恶化加剧，承载能力越来越接近极限。要解决上述农业发展所面临的尖锐矛盾和问题，必须加快转变农业发展方式，保持农业的可持续性。发展现代农业是作为新农村建设的着力点，是针对农业农村发展面临的新形势、新任务作出的战略部署，具有重大而深远的意义。农业发展关系国民经济和社会发展全局，农业丰则基础强，农民富则国家盛，农村稳则社会安。发展现代农业，是以科学发展观和新发展理念统领农业和农村工作的必然要求，是科学发展观在农业农村工作中的具体运用和落实。积极发展现代农业，符合当今世界农业发展的一般规律，顺应了经济发展的客观趋势，是提高农业综合生产能力的重要举措，是实现农业可持续发展的必由之路。

我国热带作物产业与全国农业一样，存在着产业基础薄弱、生产装备陈旧、经营理念落后、农民增收困难等主要问题。当前我国热带农业正处于由传统向现代转变的关键时期，推进建设现代热带农业，必须以科学发展观和新发展理念统领热带农业发展的各项工作。加快转变增长方式，促进热带作物生产技术、生产方式和生产理念的现代化，是努力实现热带作物产业又好又快发展的必由之路。

2.1 现代农业发展状况

2.1.1 现代农业发展的基本情况

（1）农业结构不断调整优化，产业优势和规模优势日益显现。经过多年的调整优化，农业产业结构由单一种植业为主向优质生态农产品及深加工业发展转变，由产量、数量型增长为主向质量、效益型增长为主转变。

（2）农业产业化经营向纵深推进，初步构筑起贸工农相衔接、产加销为一体的现代农业产业体系。坚持以龙头企业建设为重点，大力推行农业产业化经营，运用工业化理念发展现代农业，延伸了产业链条，拓宽了发展领域。

（3）科技创新推广转化能力不断提高，农业科技支撑作用日益增强。建立起以乡镇农技推广部门和龙头企业、协会为主体的农业科技创新体系，形成镇、村两级完善的农技推广网络。

（4）基础设施不断改善。现代农业是自然再生产的过程，必须强化基础建设，发展现代化装备的生态农业；现代农业是经济再生产的过程，必须满足消费者对农产品数量和质量的需求，成为高效农业；现代农业是社会再生产的过程，必须保障13亿以上人口的粮食安全，并成为促进农民持续增收的主要途径。我国农业面临资源约束越来越大、自然风险和市场风险越来越大、科研应用推广越来越难、基础设施任务越来越重等制约因素，加强农业基础设施建设是促进农业发展的迫切要求。

（5）农业社会化服务稳步发展。农业社会化服务体系是指在家庭承包经营的基础上，为农业产前、产中、产后各个环节提供服务的各类机构和个人所形成的网络。农业社会化服务包括的内容十分宽泛，包括物资供应、生产服务、技术服务、信息服务、金融服务、保险服务，以及农产品的包装、运输、加工、贮藏、销售等各个方面。农业社会化服务体系的产生和发展源于农业生产与农业服务在技术上的可分性；农业服务由专门的机构和个人提供，还可以形成专业经济与规模经济，提高农业生产效率。一般来说，农业社会化服务体系有两个基本含义：一是服务的社会化，即农业作为社会经济再生产的一个基本环节，其再生产过程不是由个别农业生产经营者完成的，而要依赖其他产业部门的服务活动；二是组织的系统性，各产业部门依据其服务内容和服务方式，构建相应的组织载体，围绕农业再生产的各个环节，形成有机结合、相互补充的组织体系，为农业提供综合配套的服务，实现农业生产经营活动的科学和高效。

欧美发达国家的农业技术水平、农业劳动生产率等都居于世界前列。现代经济增长理论表明，生产率的提高取决于技术的进步，而新技术的产生和应用又有赖于一个健全的社会化服务体系。虽然各国的农业社会化服务体系不尽相同，在供给主体、服务性质和服务内容上有差异，但它们都在确保农业技术从实验室到达田间地头的过程中起到了至关重要的作用。可以说，发达国家的社会化服务体系是其农业成功的重要保障。而在日本、韩国和我国台湾地区，农协为农民生产提供了完善的社会化服务，大大促进了其农业发展。

目前，我国农业发展进入新阶段，农业发展方式由粗放型向集约型转变，农业生产经营的专业化、组织化、集群化趋势明显，农业科技贡献率稳步提升。然而，各类农业社会化服务还不能充分满足广大农民的需求，公共服务能力还不够强，农业公益性服务能力特别是农业技术推广、动植物防疫、农产品质量监管等还有待于进一步提高；农民专业合作组织的凝聚力、吸引力、服务能力和规范程度也有待于进一步提升；农业产业化龙头企业与农民的利益联结机制还不够完善，带动能力不强；市场体系中经营性服务组织商业化过于严重，服务也不够规范；同时，各服务主体之间缺乏有效的协调。可见，发展新型农业社会化服务体系已迫在眉睫。

2.1.2　现代农业发展存在的基本问题

（1）思想认识在淡化。现代农业，是一种"大农业"。它不仅包括传统农业的种植业、林业、畜牧业和水产业等，还包括产前的农业机械、农药、化肥、水利和地膜，产后的加工、储藏、运输、营销以及进出口贸易等，实际上贯穿了产前、产中、产后三个领域，成为一个与发展农业相关、为发展农业服务的庞大产业群体。现代农业是以资本高投入为基础，以工业化生产手段和先进科学技术为支撑，有社会化的服务体系相配套，用科学的经营理念来管理的农业形态。与传统农业相比，现代农业可谓有了"脱胎换骨"的变化。

发展现代农业的主体显然应该是有知识、懂技术、会经营、善管理的现代新型农民。但现在很多从事农业生产的劳动者，不仅素质不合要求，而且数量严重不够。由于计划生育、招商引资等工作任务较多，同时农业地位低下，农业工作存在放松和部分失管现象。

（2）为农服务在退化，科技支撑力量还比较薄弱。镇级农技体制行政化倾向严重，农技人员在岗率低、知识结构单一、业务素质不高、服务手段落后，与农民对农技的需求不相适应，工作开展难度大，现行农技体制有待改革。农民就业创业能力低，抗御风险能力有限，农村实用人才缺乏；龙头企业与农户利益联结关系不紧密，带动能力不强；农业标准化生产程度不高；农户分散经营，集约化生产程度不高等问题也都不同程度存在。此外，农业保险体系尚未建立，抗御自然风险的能力不强，应对市场风险机制缺乏。

2.1.3　发展现代农业的重要意义

面对实施乡村振兴战略的新形势，全面建成小康社会和构建和谐社会的新局面，发展现代农业具有重要的意义。

（1）发展现代农业是落实科学发展观和新发展理念的必然要求。我国农业正处于由传统向现代转变的关键时期，受到资源和环境的双重制约，面临国际和国内市场的双重挑战，必须着力转变农业增长方式，优化结构和布局，集约节约使用自然资源和生产要素，减少面源污染，保护生态环境，加快农业生产手段、生产方式和生产理念的现代化，把农业和农村的发展真正纳入科学发展的轨道。加快发展现代农业步伐，有利于促进农业增长方式转变，优化农村经济结构，集约使用农业资源，提高农业竞争力，实现农业又好又快发展；有利于解放和发展农村生产力，提高农业综合生产能力和效益，促进农村经济社会全面发展；有利于引进工业技术成果，提高农业发展质量，增强城乡之间、工农之间的交流和互动，实现城乡协调发展；有利于合理利用资源，保护和改善生态环境，增强农业可持续发展能力，促进人与自然和谐相处。

（2）发展现代农业是实施乡村振兴战略的首要任务。无论是保障粮食安全，还是促进农民增收,无论是应对国际竞争,还是持续推进工业化和城镇化,解决农业的深层次问题,都必须加快发展现代农业。发展现代农业是发展农村经济、推进新农村建设的着力点,是促进生产发展和增加农民收入的基本途径,是提高农业综合生产能力的重要举措,是改善生态环境关键措施,是实施乡村振兴战略的产业基础。

(3)发展现代农业是促进粮食稳定发展、农民增收的有效途径。实现粮食稳定发展和农民持续增收是"三农"工作的根本目标和中心任务。近几年,我国粮食生产实现了恢复性增长,农民收入保持较快增长,但是增粮增收的基础还不稳固。从现在面临的制约因素和未来的发展要求看,只有加快建设现代农业,才能全面提高粮食综合生产能力,提高农业综合效益,从根本上夯实增粮增收的基础。发展现代农业,不仅能够提高农产品商品率和农业综合效益,直接增加农民收入,而且能够加快农村二、三产业融合发展,拓展农民就业空间,实现多环节增收。

2.2 热带农业现代化发展状况及对策

农业现代化是国家现代化的基础和支撑,对于"三农"发展既是新机遇,也是新挑战。农业现代化的内容是随着经济社会发展逐渐丰富的。当前,农业现代化不仅包括农业生产过程的机械化、水利化和电气化等,而且拓展到生产条件、生产技术、生产标准、生产组织和管理制度等方面。农业现代化的过程是完善农业产业体系、基础设施体系、经营管理体系、质量保障体系和资源保护体系的过程,也是推进制度创新和技术创新,突破技术制约、化解自然风险、减轻资源压力和消除环境污染的过程。

我国农业现代化既有类似于其他国家(如农业资源禀赋丰富的美国、加拿大,农业资源禀赋不足的以色列、荷兰,农业资源禀赋介于它们之间的法国、德国)之处,又有自己的特色。全面推进中国特色农业现代化需要借鉴国际经验,更需要自主创新,就是根据市场需求和资源禀赋条件,做好主要农产品生产的优先序和区域布局,构建种养加、产供销、贸工农一体化的经营格局和商业化的作业外包服务体系,实现稳定粮食生产、拓宽农民增收渠道和提高农业发展可持续性的有机统一。

经过多年不懈努力,我国农业农村发展不断迈上新台阶,已进入新的历史阶段。农业的主要矛盾由总量不足转变为结构性矛盾,突出表现为阶段性供过于求和供给不足并存,矛盾的主要方面在供给侧。近几年,我国在农业转方式、调结构、促改革等方面进行积极探索,为进一步推进农业转型升级打下一定基础,但农产品供求结构失衡、要素配置不合理、资源环境压力大、农民收入持续增长乏力等问题仍很突出,增加产量与提升品质、成本攀升与价格低迷、库存高企与销售不畅、小生产与大市场、国内外价格倒挂等矛盾亟待破解。

我国农业现代化仍然滞后于工业化、城镇化发展,落后于世界先进水平。相对而言,在工业化、城镇化、农业现代化之中,农业现代化仍是短腿,是弱项。2017年的中央一号文件对加快推进中国特色农业现代化作出重要部署。必须顺应新形势新要求,坚持问题导向,调整工作重心,深入推进农业供给侧结构性改革,加快培育农业农村发展新动能,开创农业现代化建设新局面。在农村人口流动性增强、农民分工分业加快、农业生产集约程度提高的共同作用下,我国进入推进农业现代化的战略机遇期。

打破了国际"北纬17度以上是植胶禁区"的论断,建立了稳固的天然橡胶生产基地；率先完成世界首张木薯全基因组测序与光合产物高效运输与积累模型，选育出华南系列木薯新品种，直接推动形成了年产值达 100 亿元的朝阳产业；建立起全国最大的热带作物种质资源保存库（圃），保存了优质种质资源 3 万多份；胡椒、咖啡、可可、剑麻集约化生产技术的推广和应用，使我国这四大作物的单产位居世界先进水平，并成为世界主要生产国之一。

中国热带农业科学院（简称热科院）一项又一项科研攻关的优秀成绩单，使我国热作产业从无到有、从弱到强，推动着国家热带现代农业基地建设，为热带农业转方式、调结构，实现快速健康发展提供强有力的科技支撑。

2.2.1 现代热带农业发展的基本状况

世界热带农业取得了巨大的发展，正在实现粗放型—劳动集约型—资本集约型的过渡。世界环境正受到严重的威胁，具体表现是粮、棉、油等农产品产量徘徊不前，价格扶摇直上，需求量不断增加，发展中国家债务繁重。

由于热带地区国家先后都采取了优先发展农业的方针，改革旧的经营体制，增大农业投入，广泛地应用农业科学技术和先进的耕作方法与手段，致力于提高劳动生产力和作物产量，使热带农业得到了迅速发展。这一切都将使得天然橡胶等热作产品总产量大幅度增长，并且热带农业生产逐步走向商品化和专业化。

发展现代热带农业是一项系统工程，不仅需要土地、资金、技术和劳动力等资源要素的优化配置，更需要体制和机制的创新，以适应现代农业商品化、产业化的需求。其中最根本的是要坚持以科学发展观和新发展理念为指导，着眼于增强农业科技自主创新能力，加快农业科技成果的转化应用，不断提高科技对农业增长的贡献率。

（1）创新体制机制，占领热带农业科技的制高点。"明确以研为主的导向，推动科技创新，推进成果转化。"中国热带农业科学院副院长孙好勤介绍，热科院起步晚、欠账多，最缺的是创新人才。为了让更多科研人员努力有方向，提升有空间，热科院近年来在人事管理方面不断创新，提出了热带农业"十百千人才工程"，计划在近五到十年内，打造一支面向未来、学科齐全、数量充足、素质一流的人才队伍。

2004 年，热科院引进美国华盛顿大学研究员、美国孟山都公司资深科学家彭明，担任院热带生物技术研究所所长。回国上任后，彭明大胆引进国外科研单位先进的科学理念，同时引进一批国外留学人员来所担任课题组组长和科技骨干。2017 年 9 月，彭明主导的国家"973"计划项目"重要热带作物木薯品种改良的基础研究"通过验收，该项目在木薯基础研究领域取得突破性进展，为木薯及其他热带作物的基础生物学和遗传改良研究奠定重要基础，对我国未来的粮食安全和生物能源安全具有重要意义，使我国在木薯基础生物学与基因组研究领域处于国际领先地位。

同时，热科院不断将财力物力向科研倾斜，鼓励有条件、有潜力、有能力的科研人员去行政化，逐步完善干部能上能下机制、科研与管理能进能出机制和定期轮岗机制，并将科技成果项目转化收益的不低于 50%，奖励科研团队。

目前，投资 2.6 亿多元的中国热带农业科技中心正在紧张施工中，有望 2019 年投入使用。孙好勤介绍，科技中心建成后，将构建起天然橡胶科技创新、热带作物种质资源创新、热带农业科技信息研究与资源 4 个共享、热带农产品质量安全研究室等 4 个国家级研究平台，大幅改善我国热带农业科研基础条件，为热带农业科研提供良好的平台。

（2）为产业发展提供技术支撑，带动热区农民增收致富。2017 年 1 月，国家天然橡胶产业体系首席科学家、中国热带科学研究院橡胶研究所所长黄华孙接到海胶集团山荣分公司的求助电话，反映其 2013 年种植的胶树出现大量落叶、生长势衰退等情况。黄华孙和橡胶所科研人员立刻赶赴胶园，采集土壤样品进行养分分析，制订解决方案。这是热科院科技支撑产业、服务产业的一个缩影。

热科院始终坚持产业导向，突出热带产业要求，不断强化自主创新，支撑和引领着我国热带现代农业发展，尤其在服务"三农"上更是不遗余力。为将最新的橡胶研究成果、技术及时推广，橡胶所还成立专门的技术推广与服务部门——科技服务中心，建立起科院与产业相结合的桥梁，立足解决生产过程中的技术问题，直接服务胶农和植胶企业。屯昌县枫木镇冯宅村有 1 000 多亩（15 亩 = 1hm^2。全书同）橡胶园，以前村民随意割胶，不仅劳动量大、产胶量低，而且缩短了橡胶树的寿命，如今在橡胶所技术人员培训指导下，割胶从"一天一刀"转变为"两天一刀"甚至"三天一刀"，生产效率大大提升。

在科技服务与技术推广方式上，热科院也不断创新。热带作物品种资源研究所进行的"农民参与式"木薯研究与推广项目，使我国木薯新品种平均单产翻了三番，也让木薯种植农户尝到了甜头。叶剑秋研究员说："以前科研人员把选好的优良品种送到农户家里，都没人愿意种，如今直接把试验地设在农户地里，农民全程参与试验、评估和筛选，在研究中推广，在推广中改进，本质上实现农民的生产经验与科研新成果之间的互动。"

（3）农业科技"走出去"传播中国影响，引领世界热区农业发展。马尔代夫的"国树"椰子树遭受了虫害椰心叶甲的入侵，不仅严重减产，还威胁到马尔代夫热带海岛的生态系统，美丽如画的千岛之国正面临灭顶之灾，马尔代夫紧急向我国政府求援。在"中国—马尔代夫椰子害虫联合研究中心"援外项目的支持下，热科院彭正强研究员带领课题组成员携带 150 万头椰心叶甲天敌寄生蜂及急需的药品前往马尔代夫，用世界先进技术灭杀了椰心叶甲。

不仅在我国热区活跃着热科院科技工作者的身影，在世界热区，发展中国家农民对热科院科技工作者也不陌生。

"中国热区很小，世界热区很大。"热科院一直致力于站在热带农业科技的最前沿，并将这些技术成果与国际热区分享。

2.2.2 我国热区发展现代热带农业的对策

我国热带地区在政策、投入、体制、机制、技术以及发展基础等方面，已具备了加快发展现代热带农业的条件，当前和今后相当长一个时期，要把发展现代热带农业作为着力点，把握现代热带农业发展的方向，建设符合中国国情的高效、生态、安全的现代热带农业。

2.2.2.1 继续推进热作产业基地建设，建设集约型高效农业

农业产业基础是推进土地规模化经营、集约化生产的有效平台，是高效农业的基础。我国热区热作产业的发展正是按照这一要求，通过制定天然橡胶、主要热带作物的布局规划，指导热带作物生产向优势区域集中。目前，天然橡胶、甘蔗、剑麻、香蕉、菠

萝等南亚热带作物优势产业带基本形成并已较具规模，夯实了主导产业基地基础地位，突出特色产业基地建设，如剑麻、橡胶、茶叶和菠萝、橙子、香蕉等热带水果。

2.2.2.2 完善产加销一体化经营体制，建设综合型现代产业

目前我国热区主要农业产业均已基本上建立起了原料生产、产品加工到销售一条龙的产业化经营格局，但部分产业的基地（农户）和加工之间，或加工和销售之间，或基地与销售之间，在某些环节上还没有完全衔接起来，也就是说工业"反哺"农业的体制机制还没有完全建立起来，从而影响到基地的健康发展。今后工作重点将从3方面作改善：①进一步强化"工农共存亡"的意识；②进一步理顺工业"反哺"农业的关系；③进一步延伸产业链条，真正实现"双赢"。

2.2.2.3 努力提高农业物质装备水平，建设设施型现代农业

经过多年的发展，我国热带地区甘蔗、剑麻、橡胶、菠萝等主要热作产业的农业装备水平得到了明显提高，机械化程度在南方热区和当地已处于领先地位，但与现代农业要求还有较大差距，仍需进一步建设完善热区节水灌溉和速生高产胶、果、麻、茶园以及林（田）间道路等现代农业基础设施建设，全面推广温室育苗，建设从种苗脱毒、繁育、培育等一整套先进而实用适用的温室和大棚设施，全面加快农业科技创新步伐，建设技术型先进产业，提高农业科技意识，明确热区科技发展任务，依托已有的农业科技基础，综合考虑产品、技术和区域因素，整合农业科技资源，不断完善保证持续研发和有效推广先进农业科技成果的体制机制，大力推进农科教结合、产学研协作。

2.2.2.4 继续完善产品质量管理体系，建设安全型保障产业

热区农业除了橡胶、剑麻外，其他如甘蔗、菠萝、龙眼、荔枝、红江橙、茶叶等都是食用产品，其产品质量安全管理很重要。要建立质量安全长效机制。加强完善以农产品标准体系、农产品检验检测体系和质量认证体系为核心的质量安全长效机制，以源头监管为重点，从环境、技术、管理等环节入手，实行生产经营全过程监控；全面强化病虫害监测与防治手段。完善农业灾害、农作物病虫疫情等重大、突发事件的应急反应队伍和预案的建立健全，加强预测预报和及时处置；积极推进政策性农业保险工作，鼓励多形式的保险模式出现，提高农业的抗风险能力，把热区农业建设成为安全保障型的产业。

2.2.2.5 致力节约资源和保护环境，建设友好型生态农业

现代农业追求的是可持续发展，即经济效益、社会效益和生态效益相统一的生态农业。热区现代农业发展中，在甘蔗等一些产业上已基本实现了资源循环利用，农业的废料得到了再生利用，环境得到适度保护。但由于热区土地面积不大，适宜发展南亚热作的土地更少，所以，要科学规划和合理利用好每寸土地资源，全面实现优势作物的优化配置，通过改善农业设施、推广特优品种、综合防治病虫害、测土配方施肥和适度增加投入等措施，极大限度地提高单位面积产量，发挥土地的最大效能；大力发展节约型农业，如剑麻、橡胶等是国家资源约束性产业，也是较节水、节药、节种的节约型农业，目前已有了很好的发展基础，今后要大力发展，形成规模效益。

2.2.2.6 建立多渠道多方位服务机制，建设社会化新型产业

热区产业多样化决定了服务机制必须采取多方位多渠道途径，但不同产业之间某些服务又具有交叉或共同需求，所以，热区现代农业发展的服务机制应从以下几个方面进

行创新：

（1）完成种子种苗改革，实现集中供应。热区在橡胶种苗上已基本上实现了集中育苗和供应，要继续推进甘蔗、剑麻、菠萝等组培苗和红江橙脱毒苗的集中繁育和供应，并争取垦区每种主要农作物都有一个专业化的种子种苗公司，以实现农业发展对优良健康种苗的需求。

（2）加快配套产业发展，提升综合效能。现代农业的发展目标是绿色农业、环保农业和生态农业，这要求多施有机肥和少施化肥、农药。因此，要进一步充分利用好热区农产品加工废料和禽畜粪便，通过与复肥厂合作，生产安全、肥效高和价廉物美的不同作物的专用生物有机肥，来满足热区农业生产的需要。

3　农业物联网概述

我国是人口大国，亦是产粮大国和农业需求大国。随着经济的发展，人们迫切需要更多的技术应用于农业生产中，于是催生了物联网在农业生产中的应用。农业物联网技术的应用是现代农业发展的需要，也是现代农业发展的方向。而从人类的历史上来看，每次成功把握住产业革命的国家总能获益匪浅，中国作为崛起中的大国，物联网技术更需在中国农业获得应用。

我国农业正处于传统农业向现代农业转型时期，全面实践这一新技术体系的转变，网络信息化技术发挥独特而重要的作用。以欧美为代表的发达国家，在农业信息网络建设、农业信息技术开发、农业信息资源利用等方面，全方位推进农业网络信息化的步伐，利用"5S"技术（GPS、RS、GIS、ES、DSS）、环境监测系统、气象与病虫害监测预警系统等，对农作物进行精细化管理和调控，有力地促进农业整体水平的提高。农业物联网运用物联网系统的温度传感器、湿度传感器、pH 值传感器、光传感器、CO_2 传感器等设备，检测环境中的温度、相对湿度、pH 值、光照强度、土壤养分、CO_2 浓度等物理量参数，通过各种仪器仪表实时显示或作为自动控制的参变量参与到自动控制中，保证农作物有一个良好的、适宜的生长环境。这样就能实现技术人员的远程控制，在办公室就能对多个大棚的环境进行监测控制。采用无线网络来测量获得作物生长的最佳条件，可以为温室精准调控提供科学依据，达到增产、改善品质、调节生长周期、提高经济效益的目的。这样农业将逐渐地从以人力为中心、依赖于孤立机械的生产模式转向以信息和软件为中心的生产模式，从而大量使用各种自动化、智能化、远程控制的生产设备，可以大量地节约劳动力。而这项技术已在国外取得了极大的成功，伴随着中国农业转型升级，此项技术可以有效地支撑农业的迅速发展。其意义在于：①在种植准备阶段，可以利用温室内传感器获取并分析实时的土壤信息，来选择合适的农作物；②在种植和培育阶段，可以用物联网技术采集温度、湿度的信息，进行高效的管理，从而适应环境的变化；③在农作物收获阶段，也可以利用物联网收集各种信息，反馈到前台，从而在种植阶段进行更精确的测算；④提高效率，节约人力。

3.1　物联网概述

3.1.1　物联网的含义

物联网最早于 1999 年提出，研究者认为可把所有物品通过条形码和 RFID 等感知识别设备与 Internet 互联起来实现智能识别和管理。国际电信联盟（International Tele-communication Union，ITU）在 2005 年发表的年度报告中指出，物联网是指通过各种信息感知设备和系统如 RFID、各类传感器、扫描仪、遥感（remote sensing，RS）、全球定位系统（global positioning system，GPS）等，基于无线通信与信息技术整合的 M2M（machine to machine）无线自组织通信网络将任何物品与 Internet 连接起来进行信息交互与通信，以实现智能感知识别、跟踪定位、监控管理的一种智能化网络。欧盟第 7 框架下 RFID 和物联网研究项目组在 2009 年发布的研究报告中指出，物联网具有基于特定标准和交互操作通信协议的网络自组织能力，其中物理世界和虚拟世界的"物"可通过其身份标识、物理与虚拟属性和智能接口等与信息网络无缝链接成一个全球动态的网络基础设施。中国工业和信息化部电信研究院 2011 年提出，物联网是在通信网和互联网基础上的网络应用拓展，它利用感知识别技术与各种智能装备对物理世界进行感知识别后经过网络互联进行计算处理和信息挖掘，通过物—物或人—物的信息传输、共享、交换与无缝链接实现对物理世界的实时感知控制、精确化管理和智能化科学决策。尽管学术界与工业界视角各异，对物联网也没有一个公认的统一定义，物联网的内涵也仍在不断发展完善，但普遍认为全面感知、可靠传输和智能处理是物联网具备的三大特征。

从技术架构上来分析，物联网可以分为三个层次：感知层、传输层和应用层。

感知层由各种传感器以及传感器网络构成，包括二氧化碳浓度传感器、温度传感器、湿度传感器、二维码标签、RFID 标签和读写器、摄像头、GPS 等感知终端。感知层是通过 M2M 终端、RFID 移动终端、感知节点以及汇接节点等获取信息，从而进行网络的传输。感知层是使物联网进行全面感知的核心能力层，它的不同形态的终端都具有不同的功能，如感知节点可以进行随时随地的信息感知、测量与信息传递；汇接节点可以进行数据的汇聚、分析以及数据的处理和传送。此外，还包含了 M2M 终端、通信网以及传感网间的网管、末梢传感器等。感知层的主要特点在于它具有标识感知、嵌入智能以及协同互动的能力。它的主要功能是识别物体、采集信息。

传输层由各种私有网络、互联网、有线通信网和无线通信网、网络管理系统和云计算平台等组成，相当于人的大脑，它负责传递和处理感知层获取的信息。通常解决感知层获取的数据的长距离传输问题。这些数据的传输可以通过国际互联网、移动通信网或者小型局域网等网络进行传输。传输层具有激活或终止网络的连接；路由的选择与中断；差错检测及其恢复；信息存储查询以及网络管理等各种功能，为建立网络连接服务。

应用层是物联网和用户（包括人、组织和其他系统）的接口，它与行业需求结合，实现物联网的智能应用。

物联网的特性主要体现在其应用领域内，目前在绿色农业的发展、工业的监控、公共安全监控、城市的管理和规划、远程医疗服务、智能家居系统、智能交通系统和环境监测系统等各个方面均有物联网应用的例子，某些行业已经积累了大量成功的案例。

根据物联网的实质用途可以将其归结为三种基本应用模式：

（1）对象的智能标签。通过二维码，RFID 等技术标记特定的对象，用来区分对象个体，如在生活中所使用到的各种智能卡；除此之外通过智能标签还可以获得对象物品所包含的延伸信息，如智能卡上的金钱余额，二维码中所包含的网络地址等。

（2）环境监控和对象跟踪。利用类型多种多样的传感器和分布范围极广的传感器网络，可以实现对某个特定对象的实时状态的取得和其行为的监控，如使用安放在市区的多个噪音探头来监测噪声污染，通过二氧化碳传感器来监控大气中二氧化碳的浓度，通过 GPS 标签跟踪车辆的位置，通过交通路口的摄像头捕捉即时交通流量等。

（3）对象的智能控制。物联网在云计算平台和智能网络的基础上，可以依据传感器网络所获取的数据来进行决策，改变对象的行为，进行控制和反馈。例如，根据外界光线的强弱来调整路灯的亮度，根据车辆的流量实时调整红绿灯间隔等。

3.1.2 农业物联网架构

农业物联网是物联网技术在农业生产、经营、管理和服务中的具体应用，就是运用各类传感器、RFID、视觉采集终端等感知设备，广泛地采集大田种植、设施园艺、畜禽养殖、水产养殖、农产品物流等领域的现场信息；通过建立数据传输和格式转换方法，充分利用无线传感器网、电信网和互联网等多种现代信息传输通道，实现农业信息多尺度的可靠传输；最后将获取的海量农业信息进行融合、处理，并通过智能化操作终端实现农业的自动化生产、最优化控制、智能化管理、系统化物流、电子化交易，进而实现农业集约、高产、优质、高效、生态和安全的目标。

根据计算机网络架构模型的研究方法，国内外将农业物联网架构模型分为感知层、传输层（网络层）、处理与应用层 3 个层次（图 3-1）。其中，处理与应用层又包含了处理层和应用层两个层次。其技术可用于实现农产品安全溯源、精准化农业生产管理、远程及自动化农业生产管理和农产品智能储运。

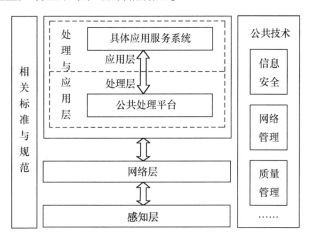

图 3-1　农业物联网系统架构模型

感知层主要包括各类传感器、RFID、RS、GPS 及二维条形码等，采集各类农业相关信息（包括光、温度、湿度、水分、养分、土壤墒情、溶解氧、酸碱度和电导率等），实现对"物"的相关信息的识别和采集。

网络层在现有网络基础上，将感知层采集的各类农业相关信息通过有线或无线方式传输到应用层；同时，将应用层的控制命令传输到感知层，使感知层的相关设备采取相应动作，如开关打开或关闭、释放氧气、增加温度或湿度及设备重新定位等。

公共处理平台包括各类中间件及公共核心处理技术，实现信息技术与行业的深度结合，完成物品信息的共享、互通、决策、汇总和统计等，如完成农业生产过程的智能控制、智能决策、诊断推理、预警、预测等核心功能。

具体应用服务系统是基于物联网架构的农业生产过程架构模型的最高层，主要包括各类具体的农业生产过程系统，如大田种植系统、设施园艺系统、水产养殖系统、畜禽养殖系统、农产品物流系统等。通过这些系统的具体应用，保证产前正确规划以提高资源利用率，产中精细管理以提高生产效率，产后高效流通，实现安全溯源等多个方面，促进农业的高产、优质、高效、生态、安全。

公共技术是整个基于物联网架构的农业生产过程系统运行的基础和保障，主要包括信息安全、网络管理及质量管理等。其中，信息安全指在基于物联网架构的农业生产过程系统运行过程中，确保网络安全、计算机系统安全、数据库系统安全及应用系统安全，并保证 RFID 及各类传感器的安全，保障整个系统的可用性、保密性、完整性、不可否认性和可控性。网络管理是对整个基于物联网架构的农业生产过程系统的全过程管理，包括配置管理、性能管理、故障管理、记账管理和安全管理；质量管理（Quality of Service，QoS）是对整个系统质量进行全程管理，保证农业生产过程系统物联网对质量的高要求，使系统高质量地运行。

3.1.3 农业物联网应用现状

高智能化、高自动化一定是农业发展的必然方向。物联网技术在农业生产、经营、管理和服务等过程中的具体应用形成了农业物联网，并贯穿于农业的生产、加工和流通等各个环节。从技术角度来看，农业物联网涵盖了农业传感器技术、RFID 技术、RS 技术、GIS 技术、GPS 技术、北斗导航应用技术等农业信息感知与识别技术，涉及移动通信技术、无线传感器网络技术等农业信息传输技术，包括云计算、GIS 技术、专家系统、农业智能决策支持系统、智能控制技术等信息处理技术。从服务形式来讲，农业物联网涉及农业生产技术咨询与教育培训、农产品和生产资料交易平台、农产品质量安全溯源、农业资源与环境监测、病虫害监测预警、农机作业调度等方面。物联网在农业中的实践应用涉及大田种植、设施园艺、畜禽养殖、水产养殖、农产品质量安全与追溯等典型农业领域。

相比于传统种植方式，农业物联网技术的优势明显。就农户而言，农业物联网技术可以替代大量人力获取精确的作物环境和作物信息，并进行生产设备的控制。平台上的专家系统还可以对作物的病虫害、长势等进行科学诊断与决策辅助，降低农业生产的风险，提高农作物的质量。

而对于农业产业，物联网可以连接农户和农产品经销商。经销商可以通过平台上的生产大数据了解各地农产品生产情况和产品质量，尽快制订收购计划。农户也可以通过物联网预先选择合适的经销商，并确定下一季度的种植计划。除了解决"买卖"问题，物联网还可以加强农产品的供应管理，系统收集农产品仓储、库存以及供应商、客户的数据。拥有以上的数据基础，农产品同时还可以实现"身份认证"。消费者通过溯源系统可以方便地读取农产品包括产地、质量、配送过程在内的信息。

农业物联网从底层技术来讲都差不多，不过在目标客户以及运营模式方面，多多少少有些差异化的点：

面向政府、科研机构：这类客户对价格敏感度相对较低，但是需要较强的渠道资源。

面向高端农场或是种植高附加值农作物的农户：这类用户价格敏感度相对较低，对技术和渠道要求较高，面向高端农场的方案商主要强调了高精度、高稳定性传感器的研发和设计。

面向普通小型种植户：这类客户对价格敏感，并且大多受教育程度不高。物联网方案主打成本低，安装和控制操作简单等特点，希望可以在全国数千万小型大棚种植户中快速规模化应用。

我国在农业领域的物联网应用研究也取得了实质性进展，通过农业资源与环境监测、农业生产、农产品流通等环节的信息实时感知获取、传输共享与无缝交互等实现农业产前科学合理布局规划、产中精细管理与精准作业、产后高效快捷流通与质量安全溯源等目标。

（1）大田种植物联网应用。在大田种植方面，农业物联网应用一般面向于对农田资源环境信息、农田小气候、土壤肥力、土壤含水量、土壤温度、农作物长势、病虫草害、农机作业情况等信息的全面感知，通过对采集信息的分析决策来指导灌溉量、施肥量的精准调节，实现作物高产高效栽培与病虫草害综合防治及产后农机指挥调度等。例如：国外，Hamrita 等人 2005 年应用 RFID 技术开发了土壤性质监测系统，实现对土壤湿度、温度的实时监测，对后续植物的生长状况进行研究；Ampatzidis 等人 2009 年将 RFID 应用在果树信息的监测中，实现对果实的生长过程及状况的监测。国内，卜天然等人 2009 年将传感器应用在空气湿度和温度、土壤温度、CO_2 浓度、土壤 pH 值等监测中，研究其对农作物生长的影响；张晓东等人利用传感器、RFID、多光谱图像等技术，实现对农作物生长信息的监测；中国农业大学在新疆建立了土壤墒情和气象信息监测试验，实现按照土壤墒情进行自动滴灌。

（2）设施园艺物联网应用。在设施园艺方面，农业物联网应用主要包括温室 CO_2 浓度、空气温湿度、土壤温度与含水量、光照强度等环境参数与作物长势等现场视频图像信息的远程实时精确采集、数据的可靠传输、系统分析决策与卷帘机、自动灌溉与施肥等现场设施的自动控制等环节。

（3）畜禽养殖物联网应用。在畜禽养殖方面，融实时监测、精细养殖、产品溯源、专家决策管理于一体的畜禽物联网精细化养殖监控网络与系统已初具规模，养殖模式逐渐走向集约化、工厂化和智能化。例如，国外，Parsons 等人 2005 年将电子标签安装在 Colorado 的羊身上，实现了对羊群的高效管理；荷兰将其研发的 Velos 智能化母猪管理系统推广到欧美等国家，通过对传感器监测的信息进行分析与处理，实现母猪养殖全过程的自动管理、自动喂料和自动报警。国内，谢琪等人设计并实现了基于 RFID 的养猪场管理监测系统；耿丽微等人基于 RFID 和传感器设计了奶牛身份识别系统。

（4）水产养殖物联网应用。在水产养殖方面，基于传感器技术、无线传感网、智能处理及智能控制等物联网技术，融水质环境数据、图像实时采集与无线传输、智能处理和预测预警、决策支持等功能于一体的智能水产养殖系统已得到广泛应用。

（5）农产品质量安全与追溯领域的应用。在农产品质量安全与追溯方面，农业物联网的应用主要集中在农产品包装标识及农产品物流配送等环节，广泛采用条形码技术、电子数据交换技术和 RFID 电子标签等技术，最终实现农资溯源防伪、农资调度、农资知识服务、农产品全程溯源。

3.1.4 农业物联网应用领域

（1）采摘控制系统。一般来说，农业园区种植或养殖面积远超传统农户种植养殖面积，且传统的农业生产主要是根据人工观察与经验来决定农作物采收时间，这种方式往往错过最佳采收时间，降低农产品商品价值，影响企业经济效益。设置物联网采收控制系统，可通过设定的采收时间和轮询（依次询问监测器），自动预报农作物采收期，预测该系统的应用将显著提高其商品价值，降低劳动消耗成本，提高企业规模化生产管理能力。

（2）加工控制系统。目前，国内农产品加工企业大多采用半人工半机器进行农作物和养殖产品加工，人工占主要地位。由于工人加工水平良莠不齐，加之加工环境无保障，使得产品品质无保障，且很可能出现微生物污染。设立加工控制系统，可通过对清洗、保鲜、干燥等自动化生产技术的控制，减少人工直接加工，避免人为污染，统一生产加工技术，有效提高生产效率，降低劳动消耗。

（3）收购、流通控制及销售控制系统。针对农产品产后商品化过程中所涉及的收购、流通、销售等环节的需求以及市场信息获取，构建出收购控制系统、流通控制系统以及销售系统，以获取各环节农产品价格变动以及市场供求等信息；同时实现对农产品各环节的跟踪，确保农产品流通过程中的安全。

（4）视频监控系统。将视频监控系统与种植养殖监管、病虫害预警预报防治、加工控制等系统结合，实现对农业生产、加工、流通环节的可视化跟踪，方便技术人员观察并及时采取有效措施，确保生产、加工、流通顺利进行。

（5）溯源系统。农产品化肥、农药等的残留量超标事件时有发生，部分唯利是图的不良分子违禁使用激素、药物等，是制约我国农业国际竞争力的首要因素，也是造成农产品市场价格波动大、市场紊乱的主要因素之一。溯源信息服务平台的建立，其信息采集覆盖动植物种子采购、播种（养殖）、施肥用药、收获、加工、运输、进入超市等各个环节；同时，还可适时引入与方便第三方监管，强化对农产品生产过程的质量管理，配合有效的法律法规，为实现农产品各个生产环节安全性的可查询和从餐桌到产地的可追溯提供了便利。

3.1.5 农业物联网信息处理技术应用进展

农业物联网信息处理是将模式识别、复杂计算、智能处理等技术应用到农业物联网中，以此实现对各类农业信息的预测、预警、智能控制和智能决策等。

预测是以所获得的各类农业信息为依据，以数学模型为手段，对所研究的农业对象将来的发展进行推测和估计。预警是在预测的基础上，结合实际，给出判断说明，预报不正确的状态及对农业对象造成的危害，最大程度避免或减少遭受的损失。国外，欧美等发达国家研发了大量的预测预警模型，开发了大量的软件，并进行了许多的应用。国内，张克鑫等人基于 BP 神经网络对叶绿素 a 浓度进行了预测预警研究，并在湖南镇水库中进行应用；李道亮等人分别基于 PSO-LSSVR 和 RS-SVM 进行了集约化河蟹养殖水质预测模型和预警模型的研究及应用。

智能控制是通过实时监测农业对象个体信息、环境信息等，根据控制模型和策略，采用智能控制方法和手段，对相关农业设施进行控制。目前，国内外对农业信息智能控制研究较多，如在温室温度和湿度智能控制、CO_2 浓度控制、光源和强度控制、水质控制、农业滴灌控制和动物生长环境智能控制等方面研究和应用较多。

智能决策是预先把专家的知识和经验整理成计算机语言表示的知识，组成知识库，通过推理机来模拟专家的推理思维，为农业生产提供智能化的决策支持。目前，国内外对农业智能决策的研究主要表现在对农田肥力、品种、灌溉、病虫害预防和防治、农作物产量、动物养殖、动物饲料配方和设施园艺等方面。

除此之外，国内外对农业物联网智能处理、农业诊断推理和农业视觉信息处理等研究也较多，并进行了许多探索性的应用。

3.2　农业物联网的发展趋势

2013 年，国家农业部以探索农业物联网发展路径和应用模式、培育一批应用示范典型、为全国范围推广应用积累经验为目标，首批选择上海、天津、安徽三省市率先开展农业物联网试点试验工程，围绕该三省市农业特色产业和相关重点领域，统筹考虑行业及产业链布局，逐步实现物联网技术在农业全产业链的渗透和试点省市的整体推进。农业物联网作为国家物联网发展战略的重要组成部分，一定要抓住机遇、结合中国国情和农业特点，实现关键核心技术和共性技术的突破创新，成为精细农业应用实践的重要驱动力、实现传统农业向现代农业转变的助推器和加速器，为培育农业物联网相关新兴技术和服务产业的发展提供无限商机，并在世界各国抢占战略主动权和发展先机的国际舞台上占有一席之地。

我国应因地制宜地建立省、市县各级农业物联网综合应用服务平台，主要包括农业生产智能管理系统、农业生产技术综合数据库系统、病虫害智能诊断与综合防治系统、农产品质量安全溯源系统、农产品电子交易系统、电子政务系统、远程指挥调度系统等，为各级政府有关部门用于农业生产指导、决策管理、指挥调度、信息服务、农产品质量安全监管等方面提供科学依据；为区域种植业、设施农业、畜禽、水产养殖业物联网应用系统提供开放、便捷、可靠、稳定的部署运行环境，提供传感器数据的接入服务、空间数据与非空间数据的存储访问服务，实现多类型终端的应用支持，降低农业生产用户部署物联网的成本；为应用系统提供各农业生产领域的先进实用技术与成果，有效指导用户通过农业物联网的实施应用实现节本低耗、低排放低污染、高产高效、优质安全的现代农业发展模式。随着物联网产业标准化体系的逐步建立和完善以及世界各国对农业物联网关键技术、标准和应用研究的不断推进和相互借鉴，农业物联网核心技术和共性关键技术将会取得重大突破，并朝着更透彻全面的感知、更安全可靠的互联互通、更优化的系统集成和更深入的智能化服务趋势发展，必将为加快推动信息化与农业现代化融合、促进农业现代化的快速发展发挥更加巨大的作用。

现代农业具有生产过程装备化、经营集约化、作业数字化、操作自动化和物流信息化等特征，现代农业的生产需要物联网技术的支撑，以实现种植养殖环境信息的全面感知、种植养殖个体行为的实时监测、装备工作状态的实施监控、现场作业的自动化操作和农产品物流信息化与可追溯的质量管理。在物联网支撑下的现代农业将被赋予新的特征，如：实时性（获取即时信息）、大数据（数据海量）、可控性（优化、高效）、融合性（多源信息融合）、智能化（物体赋予思想）、云服务（软件及服务，只求所用，不问何来）和个性化（针对性服务）。

当前，农业物联网发展呈现出以下三点趋势：与现代农业融合、低成本化和产品产业化。农业物联网产业化发展至今，也遇到了不少问题，主要体现在：①关键技术不成熟；②大型制造商介入程度低；③缺乏商业化运营模式；④标准规范缺失；⑤政策不到位。

未来实现农业物联网产业化，应主要着手攻破以下难点：①突破农业物联网核心技术和重大关键技术；②探索农业物联网商业模式；③加快农业物联网标准体系建设；④开展农业物联网补贴；⑤大力开展农业物联网示范工程；⑥加快制定农业物联网发展的产业政策。

以经验为主的传统农业已不能保证农业的可持续发展，这就需要收集经验背后的数据。水、肥、药、能源等农业投入品在使用时间、范围、频率上有一个最佳的点和范围，获取这些信息将能促进农业资源精准利用。但是物联网将能使农业走向精准。另外，农业的生产率、利用率、农产品安全等问题也都需要物联网大数据的支撑。

随着物联网、移动互联网等信息技术及智能农业装备在农业生产领域的广泛应用，智慧农业渐行渐近。它不仅改变了传统的农业生产方式，也渗透到农产品销售、物流和服务监管的各个环节。我国已经初步具备了实施智慧农业的软硬件环境，未来智慧农业需要农业资源管理、农作物生产管理、农产品质量管理、农村政务服务管理四个子方向进行延伸。

将物联网技术运用到传统农业中去，运用传感器和软件通过移动平台或者电脑平台对农业生产进行控制，集成应用计算机与网络技术、物联网技术、音视频技术、3S 技术、无线通信技术及专家智慧与知识，实现农业可视化远程诊断、远程控制、灾变预警等智能管理，使传统农业更具有"智慧"。更广泛意义上讲，智慧农业还包括农业电子商务、食品溯源防伪、农业休闲旅游、农业信息服务等方面的内容。

在农业里，物联网的作用就是要把动物或者植物、农业的装备、农业设施通过技术连成网，使每一个动物、植物都实现精准的管理，达到最佳的产量，最大程度地降低成本，最大程度地控制对水、土、气的消耗和污染。这就是物联网的魅力，也是智慧农业的发展方向。现在，农业部在省级物联网平台都做了相关的探索，各个省都有特色。一方面信息技术改变了传统的种养殖模式，农民从以前的靠经验生产，变成科学生产，提高了生产效率；同时，专业化的信息服务系统让农民足不出户就能获取农业专家的指导和服务。

另外，农业物联网能不能落地生根发芽的核心是能不能商业化。物联网能不能提高效率，能不能让农业企业家盈利，这才是本质。农业物联网现在是"小荷才露尖尖角"。"雄关漫道真如铁，而今迈步从头越"，再过 30 年中国的农业一定会高速发展，原因是现在的年轻人都不愿意从事目前这种生产方式下的农业生产，希望物联网能改变这种现状。

第2篇：技术篇
——现代热区的技术要素

4 传感技术

传感技术同计算机技术与通信一起被称为信息技术的三大支柱。从物联网角度看，传感技术是衡量一个国家信息化程度的重要标志。目前，敏感元器件与传感器在工业部门的应用普及率已被国际社会作为衡量一个国家智能化、数字化、网络化的重要标志，正如国外有的专家认为：谁支配了传感器，谁就支配了目前的新时代。传感器技术作为一种与现代科学密切相关的新兴学科，正得到空前迅速的发展，并且在相当多的领域被越来越广泛地利用。

人为了从外界获取信息必须借助于感觉器官，在信息传输过程中，首先要解决的就是获取准确及可靠的信息，传感器（transducers，又称换能器）是获取自然环境和相应工作过程中信息的主要途径与手段。典型的传感器有：①热释电红外传感器，将具备热释电材料做成的热敏型红外传感器，可把透过滤光晶片红外辐射能量转变为电信号的热电转换；②光敏传感器（photovaristor）即光敏二极管，是一种通过感知周围光线并能将光信号变为电信号的半导体器件，通过核心部件光敏电阻利用半导体光电效应形成电阻值，可随着入射光线的强弱改变电阻器的阻抗值，光亮度强时则其电阻小，光弱则其电阻大；③声控传感器，由声音控制传感器、音频放大器、选择频道电路、延时开启电路及可控硅控制电路等组成；④温度传感器，能感受温度并转换成可用输出信号的传感器。物联网是全球信息化应用的热点，每个需要识别和管理的物体或场景都需要安装与之对应的传感器来实现信息收集和传递。

作为当今世界信息技术的三大支柱之一，传感技术的核心地位是毋庸置疑的，物联网也被称为继计算机、互联网之后世界信息产业发展的第三次浪潮，是互联网的应用拓展，其中创新是物联网发展的核心，无线与传感技术在物联网时代扮演了重要角色。从图 4-1 可以看出，传感器技术是测量技术、半导体技术、计算机技术、信息处理技术、微电子学、光学、声学、精密机械、仿生学、材料科学等众多学科相互交叉的综合性高新技术密集型前沿技术之一，是现代新技术革命和信息社会的重要基础，是自动检测和自动控制技术不可缺少的重要组成部分，是国内外公认的具有发展前途的高新技术，所以在各大高校也越来越受到重视和研究。

第二届杭州物联网暨传感技术应用高峰论坛推进了我国传感器产业化的快速发展。传感技术是关于从自然信源获取信息，并对之进行处理（变换）和识别的一门多学科交叉的现代科学与工程技术，它涉及传感器、信息处理和识别的规划设计、开发、制/建造、测试、应用及评价改进等活动（图 4-1）。

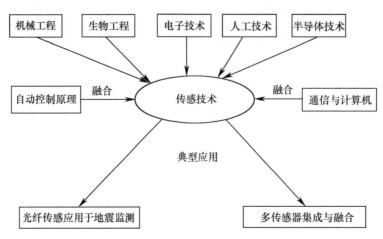

图 4-1　传感技术关系网络

4.1　农作物信息感知技术

农作物的种类繁多，其对生长环境的需求多种多样，有的作物对环境要求不高，生存能力强，我们把这类作物称为刚性作物，比如马铃薯、番薯等；有的作物对环境需求表现为中性，我们称为中性作物，比如水稻、玉米等，有的作物对环境需求很高，我们称为弹性作物，比如某些花卉、草药、水果等。

随着人们生活水平的提高，对弹性作物的需求日益增加，但各地的环境气候不同，限制了这类作物的供给。目前，人们主要通过人工环境来种植这类作物，于是，对于人工环境的管理和控制成为弹性作物生长的重要环节，感知农业系统通过各种类型的传感器可以实时地控制和管理人工环境，给弹性作物生长提供了有力的保障。

传统农业的种植需要大量的人力投入和材料投入，这其中包括人工灌溉、施肥、温湿度控制、病虫害防治等，这些人力的投入产生的效益远远比不上信息化控制产生的效益高。感知农业系统会帮助你怎样灌溉才最高效，怎样施肥才最适合，怎样提前识别作物已被病虫侵害，等等。该系统还集成了一些自动化感知控制系统，比如自动灌溉系统、自动补光系统等。所以，运用农业感知系统，可以大大提高人工效率，增产增收。另外，作物品质也会大幅度得到提高。同时，从事农作物种植的群体目前还主要集中在农民阶层，由于农村教育、科技等因素的缺乏，农民的种植经验仍然是从祖辈的历史经验中获得。但是，随着城乡一体化的进程不断扩大，大批的务农青年转移到了城市，这使得祖辈遗留下来的宝贵种植经验难以得到继承和发扬。再者，一些具有高科技含量的作物引进，需要更多全新的种植经验，才能种出高附加值的作物来。但是，这类人才非常稀缺，推广这类经验的渠道也非常狭窄，这个高效农业的发展带来了瓶颈。因此，我们迫切需要一个智能型的专家系统来指导一些作物的种植，感知农业系统考虑到了这方面的需求，集成了各种作物生长过程信息模块，只要你掌握一些简单的计算机知识，就能种出理想的作物来。

由于水资源大大缺乏，土壤硬化，这给农业的可持续发展带来了隐患，造成这些破坏的直接原因，就是人为地有意识或者无意识地对大自然的破坏，利用感知农业系统，能够实时监测土壤的品质，利用先进的施肥技术来对作物进行按需施肥，这大大降低了对土壤的破坏力度，使得农业真正成为高效农业。

改进传统农业"凭经验种植、靠天吃饭"格局，以自动化、智能化、精准化推进农作物种植模式革新，促进农作物种植管理水平的全面提升。

从源头做好农作物产量、品质保障，带动农民增产增收，推动农作物种植从传统以人力为中心、依赖于孤立机械的生产模式逐步转向以信息和软件为中心的生产模式，加快现代农业、智慧农业发展进程，是当前我国农业发展的主要趋势，而"互联网+物联网+农作物种植"将是这一趋势不断推进的新引擎。

农作物信息的快速感知是实施精准农业中最为基本和关键的问题。作物生长环境信息主要包括土壤温度、光照强度、土壤湿度和土壤养分等信息。

4.1.1 农作物生长环境土壤温度的快速感知技术

土壤温度是作物生长环境中的生态要素之一，它不仅影响着植株的生长、发育和土壤的形成，还对土壤中有机质的转化、土壤中养分的吸收和水分运动产生影响。土壤温度的高低还关系着微生物的活动、作物的分蘖消长和安全越冬等问题。由于大多数农作物的主要根系普遍分布在土壤深度 50 cm 上下。所以对于土壤表层（或耕层）温度的测量，掌握其温度的周期变化，对于农业生产和作物研究都具有深远的意义。

目前，市面上比较常见的快速感知设备有红外光谱的非接触式测温仪，利用晶体管 PN 结的测温仪和利用热敏电阻的测温仪，以 C8051-F310 单片机为控制核心的土壤温度多点测量系统，及以 MCU、传感器、无线收发模块组成的测量设备。

4.1.2 农作物生长环境光照强度的快速感知技术

植物的生长是通过光合作用储存有机物来实现的，因此光照强度对农作物的生长和发育影响很大，它直接影响植物光合作用的强弱。因此，光照强度的监测对于农作物的生长发育至关重要。

光敏传感器种类繁多，主要有光电管、光电倍增管、光敏电阻、光敏三极管、太阳能电池、红外线传感器、紫外线传感器、光纤式光电传感器、色彩传感器、CCD 和 CMOS 图像传感器等。

4.1.3 农作物生长环境土壤湿度的快速感知技术

土壤湿度决定农作物的水分供应状况，土壤水分是植物赖以生长的物质基础。对于土壤表层（或耕层）湿度的测量，掌握其水分含量的周期变化，对于作物生长势研究具有重要的意义。

土壤含水率（soil moisture content）是作物生长环境中一项重要的指标，它的主要测量方法分为取样测定法和定位测定法。目前土壤的快速感知技术包括取样测定法、中子法、时域反射法、频域反射法、驻波率法、光谱分析法及张力计法。

4.1.4 农作物生长环境养分信息的快速感知技术

在农作物的生产管理中，常需根据土壤养分的测量结果进行施肥，以满足作物生长的需求。快速测定作物生长环境中的肥力信息，是实施科学施肥、防治环境污染、提高土地产出率、资源利用率和保障农作物生长安全的重要前提。目前，对于土壤氮磷钾等养分的快速测量仪器主要有 3 类：一是基于光电分色等传统养分速测技术基础上的土壤养分速测仪；二是基于近红外技术（NIR）通过土壤或叶面反射光谱特性直接或间接进行农田肥力水平快速评估的仪器；三是基于离子选择场效应晶体管（ISFET）集成元件的土壤主要矿物元素含量测量仪器。

4.2 农业本体信息传感技术

传感器网络能够通过各类集成化的微型传感器协作地实时监测、感知和采集各种环境对象信息。近几年物联网的兴起，在很大程度上促进了传感器网络的发展，但是目前的传感器网络都是应用到各自的特定领域，传感设备、数据处理、通信协议等方面的异构性，使网络之间很难互联在一起，难以实现资源的有效分配和共享，导致信息"孤岛"，使用户难以在大量的传感器数据中发现有效信息。

本体原本是一个哲学的概念，被哲学家用来描述事物的本质，后来被引用到人工智能、知识工程、计算机等领域。构造本体的目的是实现某种程度的知识共享、重用和系统之间的通信和互操作。本体论（Ontology）在网络上的应用促成了语义Web的诞生，从而有望解决网络信息语义共享问题，实现知识共享和信息集成。在人工智能界，最早给出Ontology定义的是Neches等人，他们将Ontology定义为"给出构成相关领域词汇的基本术语和关系，以及利用这些术语和关系构成的规定这些词汇外延的规则。1993年，Gruber给出了Ontology的一个最为流行的定义，也是比较简单的定义——"a specification of conceptualization"，可以理解为"对某种概念化体系的规范说明"。尽管定义有很多不同的方式，但是从内涵上来看，不同研究者对于本体的认识是统一的，都把本体当作领域内部不同主体之间进行交流的一种语义基础，即由本体提供一种明确定义的共识。

农业本体信息传感系统主要由无线数据采集仪和各种传感器组成，可以测量环境和植物本体数据：空气温湿度、叶面温度、植物茎秆微变化、土壤湿度、果实生长量、光合有效辐射量，等等。系统对采集的数据对作物生长都有着非常重要的意义，通过对数据的对比分析，可以准确了解目前作物的生长状况是否正常，灌溉等措施是否及时与适量，进而可以科学地指导农业生产。

传感器的特点：①可以测量植物本体参数，国内这方面的传感器基本空白，国际上也非常少。②传感器的种类和数量可以自由选择添加和减少，传感器的数据可以选择共享。③数据可以通过无线传输，数据直接可以传输到系统当中，然后由系统进行处理分析。④数据准确稳定，仪器对环境耐性很强，使用寿命很长。⑤安装操作方便，耗能小，一个传感器只需两节普通5号干电池就可以使用半年。

4.3 农业个体标识技术

统一标识体系是农业物联网建设的基础，农业物联网经由全球定位系统、基础网络以及传感器、RFID、条码技术等各类信息承载技术，实现到具体对象如人员、传感器、农机设备、农田水域等地理设施、农产品等的精确定位、查找和信息追溯；此外，基于统一标识体系所建立的无线传感器网络能够在统一规划的前提下，兼容现有的基础建设体系，避免信息资源的重复建设，及时发现问题、排除故障，能够实现对农业监测环境的精准信息搜寻。射频识别（RFID）是一种无线通信技术，它通过无线信号自动识别和感知贴附在物体上的射频标签并读写相关数据。RFID 技术具有防水、防磁、耐高温、读取距离大、数据加密、存储数据容量大、信息更改简单等特点，还可以实现多个标签的防冲突操作，从而可以解决很多传统识别技术上的缺陷。以上特点使得 RFID 成为实现农业物联网个体规模化识别的主要技术。近年来，RFID 在质量追溯、仓储管理、图书管理、物流运输、产品唯一性标识、医药及病人样本跟踪、电力通信标识等领域的应用已取得令人瞩目的成果。进一步而言，基于 RFID 进行标识的研究热点已延伸至精准位置标识、定位及自主导航上，具体的研究内容包括参数提取、几何位置估计、指纹位置估计、代价函数最小化、贝叶斯估计，主要通过将 RFID 信号同 WSN、Zigbee、GPS 信号中的位置信息加以融合，从而实现物体位置标识、定位以及自主导航。此外，针对 RFID 的链路及防碰撞协议、远距离通信、改进标签技术等方面的研究将进一步改进 RFID，使其适应更多的应用场景。

综上所述，农业个体标识技术已在个体识别、个体信息共享上取得巨大进展，将颠覆传统农业粗犷、不区分个体差异的管理方式，是实现农业物联网内节点设备、农业动植物的精细化个体管理的基础。

4.4　土壤信息传感技术

土壤信息传感技术是监测土壤墒情的有效手段，土壤信息传感技术包括土壤水分传感器、土壤水分仪、土壤湿度计、土壤墒情仪、土壤墒情传感器、土壤温度传感器、土壤盐分传感器。土壤含水量有重量含水量和体积含水量（容积含水量）两种表示方法。重量含水量通过取土烘干法测量得到，通过土壤水分传感器测量得到的含水量均为体积含水量。即，土壤水分传感器就是测量单位土壤总容积中水分所占比例的仪器。一些土壤水分传感器能同时测量土壤的水分含量、土壤温度及土壤中总盐分含量三个参数。土壤信息传感器主要有以下几类。

4.4.1　土壤温度传感器

土壤温度传感器用于监测土壤温度，一般使用的有效温度范围在 10~40℃（土壤热容积较大，温度变化不是很明显），安装在作物根部土壤中，以测量作物的生长、发育的土壤温度及浇水后土壤的温度变动情况。根据温室或大棚长度安装 2~4 个不等，安装时根据不同作物根系深度确定埋土深度。系统还提供了额外的扩展能力，可根据监测需求增加对应传感器，监测土壤温度、土壤电导率、土壤 pH 值、地下水水位、地下水水质以及空气温度、空气湿度、光照度、风速风向、雨量等信息，从而满足系统功能升级的需要。

4.4.2　土壤水分传感器

土壤水分传感器用于监测土壤中水分含量，便于及时和适量浇灌。土壤水分传感器由不锈钢探针和防水探头构成，可长期埋设于土壤和堤坝内使用，对表层和深层土壤进行墒情的定点监测和在线测量。与数据采集器配合使用，可作为水分定点监测或移动测量的工具测量土壤容积含水量，主要用于土壤墒情监测以及农业灌溉和林业防护。目前有两种表示方式，其一为容积含水量，即体积百分数，其二为质量含水量，即质量百分数，大部分产品以容积含水量表示，一般有效范围在 10%~70%。因不同土质能容纳的水量不同，故不同土质在浇灌等量水后，所显示的容积含水量会有不同。根据温室或大棚长度安装 2~4 个不等，安装时根据不同作物根系深度确定埋设深度。

土壤水分传感器能够全面、科学、真实地反映被监测区的土壤变化，可及时、准确地提供各监测点的土壤墒情状况，为减灾抗旱提供了重要的基础信息。

4.4.3　土壤盐分传感器

土壤盐分传感器是观测和研究盐渍土和水盐动态的重要工具，该类传感器具有结构简单、性能稳定、读数响应时间快、操作使用方便等优点。其主要部件是石墨电极和进行温度补偿用的热敏电阻。将这种盐分传感器埋入土壤后，直接测定土壤溶液中的可溶盐离子的电导率。具有电极性能稳定和灵敏度高的特点，因此非常适于土壤盐分的测定。既可用于室内模拟实验，也可用于野外现场直接监测土壤里的水盐动态变化。因此，它是研究盐渍土发生、演变以及改良利用的理想观测仪器。同时，也可以用作地下输油、输气管道及其他管线的防腐监测。

4.5　农田环境信息感知技术

随着信息技术的发展，"感知地球"概念的提出，物联网的发展越来越快。而在数字农业发展的今天，感知农田环境信息成为迫切的需要。物联网技术是实现农业集约、高产、优质、高效、生态、安全的重要支撑，主要应用于田间信息的感知。通过采集田间肥力、温度、光照度、水分、CO_2 浓度等环境因素的监测及作物图像信息等数据，对农作物长势进行动态监测，可以及时了解农作物的生长状况、土壤墒情、肥力参数、植物营养特性和病虫害状况，以便及时采取管理措施，实现农作物良性生长，保障农业产业安全，为对农业进行科学管理提供平台和依据。

在推进农业现代化、信息化的进程中，准确实时的现场信息供给是不可缺少的重要环节，但是农业所具有的地域分散、对象多样、远离都市、通信条件落后等特点，给农田环境信息的采集带来了困难。作为新一代信息技术，物联网为农田信息的获取提供了一个崭新的思路。即基于物联网的农田环境监控系统，通过无线传感器网络（wireless sensor network，WSN）技术，实现了农田温度、光照等环境信息的自动化采集与存储。

根据现代热带农业作业要求，环境因素感知首先要完成土壤及大气环境信息的监测，包括土壤温湿度、土壤 pH 值、土壤导电率及土壤养分等，大气环境信息包括空气温湿度、风速风向、光照度、CO_2 浓度等信息。

4.6　农业遥感技术

农业生产是在地球表面露天进行的有生命的社会生产活动。它具有生产分散性、时空变异性、灾害突发性等人们用常规技术难以掌握与控制的基本特点，这是农业生产长期以来处于被动地位的原因。现代遥感技术是应用各类主被动探测仪器，不与探测目标相接触，从卫星、飞机等平台来记录地面目标物的电磁波特性，通过分析，揭示物体的特征性质及其变化的综合性探测技术。由于遥感技术具有获取信息量大、多平台和多分辨率（时间和空间）、快速、覆盖面积大的优势，是及时掌握农业资源、作物长势、农业灾害等信息的最佳手段，对改变或部分改变农业生产的被动局面具有特殊的作用。农业是遥感技术的重要应用领域，我国农业遥感应用工作起步较早，从 20 世纪 70 年代末开始，原北京农业大学（中国农业大学的前身）根据全国土壤普查和农业区划工作的要求，在原国家计委、国家科委和农业部的支持下，由联合国粮农组织（FAO）和联合国开发计划署（UNDP）提供资助，聘请国外遥感专家，组织多期培训班，培训了一批遥感应用科技人员，并于1983年5月成立了全国农业遥感培训与应用中心。此后，遥感在农作物估产、农业气象、国土资源调查、灾情监测、生态环境变迁等诸多领域的应用全面展开。目前，我国的遥感技术应用已初步进入到实用化和国际化阶段，具备了为国民经济建设服务的实用化能力，在作物长势以及农业灾情监测、国土资源调查等重要领域提供基础信息和技术支持，为国民经济可持续发展提供科学管理决策依据。我国遥感工作者全方位开展国际合作，遥感技术和计算机技术的发展和应用，已经使农业生产和研究从沿用传统观念和方法的阶段进入精准农业、定量化和机理化农业的新阶段，使农业研究从经验水平提高到理论水平。

农业是遥感应用中较重要和较广泛的领域。许多国家都发射了多种气象卫星，这些卫星发送回大量遥感图像，通过计算机图像处理，可以将卫星采集到的信息转换成人们能识别的图像信号，这样就可以准确地进行气象预报，监测洪水和植物的长势，了解渔情，观察森林大火等。农业遥感技术是融空间信息技术，计算机技术、数据库、网络技术于一体，通过地理信息系统技术和全球定位系统技术的支持，在农业资源调整、农作物种植结构、农作物估产、生态环境监测等方面进行全方位的数据管理，数据分析和成果的生成以可视化输出，是目前一种较有效的对地观测技术和信息获取手段。

20世纪20年代航空遥感被用于农业土地调查。多光谱原理应用于遥感后，人们根据各种植物和土壤的光谱反射的特性，建立了丰富的地物波谱与遥感图像解译标志，在农业资源调查与动态监测、生物产量估计、农业灾害预报与灾后评估等方面取得了丰硕的成果。

遥感技术在我国农业部门的应用始于20世纪70年代末期，根据当时全国农业资源区划工作的要求，在原国家计委、国家科委、财政部和联合国粮农组织、联合国开发计划署等的支持下，农业部门的遥感技术应用工作经历了"六五"期间的技术、设备引进和人才培训，"七五""八五"期间的技术攻关、实验研究和部分生产服务，到"九五"期间的实用化，运行服务系统的建立，已经成为初具规模，能够承担农业资源调查及动态监测、农作物估产、农业灾害监测及损失评估等多种任务的农业遥感应用主力军之一。

20多年来，遥感技术在农业部门的应用也越来越广泛，完成了大量的基础性工作，在农业资源调查与动态监测、生物产量估计、农业灾害预报与灾后评估等方面，取得了很大的进展。

4.6.1 遥感技术基本概念

遥感技术是根据电磁波的理论，应用各种传感仪器对远距离目标所辐射和反射的电磁波信息进行收集、处理，并最后成像，从而对地面各种景物进行探测和识别的一种综合技术。随着空间技术、信息技术、电子计算机技术和环境科学的发展，遥感技术逐步发展为一门新兴交叉学科技术。遥感技术是指从飞机、飞船、卫星等飞行器上，利用各种波段的遥感器，通过摄影、扫描、信息感应，识别地面物质的性质和运动状态的技术，具有遥远的感知的意思。从20世纪60年代提出"遥感"这个词，到1972年美国陆地卫星计划发射了第一颗对地观测卫星，经过几十年的发展，遥感技术已经广泛地应用在军事、国防、农业、林业、国土、海洋、测绘、气象、生态环境、水利、航天、地质、矿产、考古、旅游等领域，影响了人类生活的方方面面，它为人类提供了从多维和宏观角度去认识世界的新方法与新手段，遥感技术能够全面、立体、快速有效地探明地上和地下资源的分布情况，其效率之高是以前各种技术无法企及的。

遥感技术（remote sensing，RS）与地理信息系统（geography information systems，GIS）、全球定位系统（global positioning systems，GPS）合称为"3S"技术，在现阶段各行业发展中拥有广泛的应用和广阔的发展前景。现代遥感技术已构成地面、空中、太空三个立体层面。国外的遥感技术大多首先应用于农业，美国利用陆地卫星和气象卫星等数据，预测全世界的小麦产量，准确度大于90%；英国利用遥感技术，4个人工作9个月，就把全国的土地划分为5大类、31个亚类，并测出了面积，绘制成地图。近30多年来，遥感技术在大面积作物长势监测与估产、农情宏观预报、农业资源调查等方面做出了重要贡献。

4.6.2 农业遥感技术的理论基础

电磁波作用下，会在某些特定波段形成反应物质成分和结构信息的光谱吸收与反射特征，这种对不同波段光谱的响应特性通常称为光谱特性。地球表面各类地物如土壤、植被、水体、岩石、积雪等光谱特性的差异是卫星遥感解译和监测的理论基础。

农业遥感监测主要以作物、土壤为对象，这两类地物的典型反射光谱曲线如图4-2所示。作物在可见光—近红外光谱波段中，反射率主要受到作物色素、细胞结构和含水率的影响，特别是在可见光红光波段有很强的吸收波段，在近红外波段有很强的反射特性，这是植被所特有的光谱特性，可以被用来进行作物长势、作物品质、作物病虫害等方面的监测。土壤可见—近红外光谱总体反射率相对较低，在可见光谱波段主要受到土壤有机质、氧化铁等赋色成分的影响。因此，土壤、作物等地物所固有的反射光谱特性是农业遥感的理论基础。

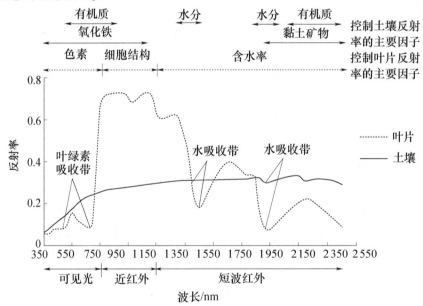

图4-2 土壤和作物可见—近红外反射光谱特征

基于此，经过数十年的发展研究，现在农业遥感技术已经可以用于农业用地资源管理、农作物估产、土壤关键属性调查、土壤侵蚀退化调查、农业灾害监测、农业保险定损、精准农业服务等。其中，精准农业是指根据特定环境和要求，定位、定时、定量地实施一整套现代农业操作技术与管理系统的生产方式。精准农业可以根据土壤性状，在作物生长过程中调节对作物的要素投入，以最低的投入达到最高的产出，并高效利用各类农业资源，改善环境，取得较好的经济效益和环境效益。

传统的遥感技术主要是卫星，但卫星易受到天气环境影响，且轨道周期较长，常常难以及时提供高清图像数据。无人机灵活性强、易部署，利用无人机随时获取数据信息，可以作为卫星等其他遥感平台的补充手段，不同平台相互配合，从而成为更加全面的农业监测网。

4.6.3 农业遥感的应用现状

农业遥感并不是新鲜概念，早在近半个世纪前，国内外就开始了对农业遥感技术的探索。从20世纪70年代开始，美国和欧洲国家就采用卫星遥感技术建立大范围的农作物面积监测和估产系统。我国农业遥感源于20世纪80年代，相对较晚。不过最近几年来，农业遥感的潜在价值愈发得到国家层面上的认可。

2017年开年，中共中央、国务院公开发布《关于深入推进农业供给侧结构性改革加快培育农业农村发展新动能的若干意见》，这是新世纪以来连续第14个指导"三农"工作的中央一号文件。文件指出，"积极推进农业信息化。统筹各类大数据平台资源，建立集数据监测、分析、发布和服务于一体的国家农业数据云平台。在国家现代农业示范区打造一批智慧农业示范基地。加强农业遥感基础设施建设。"

这是继2016年中央一号文件提出"大力推进'互联网+'现代农业，应用物联网、云计算、大数据、移动互联等现代信息技术，推动农业全产业链改造升级。大力发展智慧气象和农业遥感技术应用"之后，我国从顶层设计上对农业信息化和农业遥感技术的又一次部署。农业发展一直是我国政府工作的重中之重，从机械化到现代化，再到智慧和精准农业，我国农业一直在朝着更加科学、高效的方向迈进。可以预见，未来包括无人机在内的遥感技术必将对我国智慧农业和精准农业建设起到至关重要的作用。

（1）进行地面、航空、航天多层次遥感，建立地球环境卫星观测网络。

（2）传感器向电磁波谱全波段覆盖。

（3）图象信息处理实现光学—电子计算机混合处理，引入其他技术理论方法，实现自动分类和模式识别。

（4）实现遥感分析解译的定量化与精确化。

（5）与GIS和GPS形成一体化的技术系统。

4.6.4 农业遥感技术的应用

4.6.4.1 作物产量估算

农作物生长状况和产量是一个国家或地区的重要经济信息。在收获前准确地估产，有助于国家制定合理的粮食收购政策及进出口价格，有利于制定收获、运输和储存计划。最初，是用农学方法抽样估产，后来又用统计和气象模式进行宏观估产，但这两种估产方法受人为因素影响较大，准确率很难提高。通过卫星遥感，对地面上每一个象元都获得一套数据。对各象元数据进行有效分析，可了解这一地区土壤、地形、地下水和排水等条件；这一地区的气象条件；作物的种类和品种；当地农业技术措施和水平等。进而通过建立好的数学模型计算出作物的产量。由于卫星遥感估产考虑了每个象元的情况和各种环境条件的影响，预测精度明显提高。利用卫星进行某一作物的生态分区，收集每一生态分区内历年该作物的产量以及有关的气象资料，建立产量模式。同时进行与卫星同步的高空、低空和地面光谱观测，然后根据卫星影像所提供的信息进行某一作物的产量估测。卫星遥感给作物产量预测和农业宏观管理提供了便捷的高科技手段。

遥感估产是基于作物特有的波谱反射特征，利用遥感手段对作物产量进行监测预报的一种技术。利用影像的光谱信息可以反演作物的生长信息（如 LAI、生物量），通过建立生长信息与产量间的关联模型（可结合一些农学模型和气象模型），便可获得作物产量信息。在实际工作中，常用植被指数（由多光谱数据经线性或非线性组合而成的能反映作物生长信息的数学指数）作为评价作物生长状况的标准。

除以作物产量为目标的长势遥感监测外，最近几年国内外也陆续开展了关于粮食作物品质的遥感监测。主要是利用遥感信息反演作物体内的生化组分含量，监测品质形成过程的环境影响因子，进而监测子粒品质。目前，作物品质遥感监测研究多数集中在地面平台，即利用地面高光谱技术来建立特征光谱与作物子粒蛋白质、淀粉积累量等品质指标之间的关系。大面积的航空航天遥感监测，主要有美国、日本、澳大利亚、德国等对小麦、水稻、甜菜、咖啡等作物开展品质遥感监测。如澳大利亚的 Badri 等研究发现，利用 Landsat、Aster 波段数据或变换指数可以预测小麦和大麦子粒蛋白含量，而遥感影像获取时间最为关键，在麦子开花期获取的近红外光学影像与子粒蛋白间呈显著的相关。如日本利用 TM 遥感数据监测稻谷氮素、直链淀粉、支链淀粉等品质指标，并指导合理施用氮肥，使实验区大面积的稻谷子粒含氮量由 7.7% 下降到 7.3%，提高了稻谷品质等级，经济效益显著。国内的国家农业信息化工程研究中心开展了利用地面高光谱以及 EnviSat-ASAR、TM 等多源遥感数据进行农作物品质监测的大量研究工作，并利用遥感统计模型和农业专家系统相结合，初步实现了小麦的调优栽培及品质测报。

4.6.4.2 作物种植面积监测

不同作物在遥感影像上呈现不同的颜色、纹理、形状等特征信息，利用信息提取的方法，可以将作物种植区域提取出来，从而得到作物种植面积和种植区域。获取作物种植面积是长势监测、产量估算、病虫害、灾害应急、动态变化等监测的前提。

大规模的作物面积遥感调查最早始于 1974 年美国实施的"大面积作物估产实验"，即 LACIE 计划，主要是利用 Landsat MSS 影像来估测小麦种植面积。我国从 20 世纪 80 年代中期，在原国家经委的支持下，以国家气象局为主组织开展了北方 11 省市冬小麦的 NOAA/AVHRR 卫星遥感估产研究，建立了遥感影像面积测算方法。20 世纪 90 年代，中国科学院等单位采用 Landsat/TM 和 NOAA/AVHRR 影像数据对我国主要粮食作物小麦、水稻、玉米的种植面积进行监测，其中小麦在河北、山东、河南、北京和天津进行，水稻在湖北和江苏进行，玉米在吉林进行，小麦的估算精度达 90%，水稻和玉米达 85% 以上。浙江大学采用 Landsat/TM 和 NOAA/AVHRR 进行了浙江省、县、乡三级的水稻种植面积遥感调查，与统计数据相比，面积精度达到 95% 以上。2002 年以后，随着美国 MODIS 遥感数据产品的出现，大面积作物遥感调查开始采用长时间序列遥感数据进行面积的提取。如 Wardlow 等基于 MODIS 数据对美国中部大平原主要作物类型（紫花苜蓿、夏季作物、冬小麦）和主要夏季作物（玉米、高粱、大豆）进行分类和面积提取，二者的整体分类精度分别达到 94% 和 84%。

4.6.4.3 作物长势监测

作物长势即作物的生长状况和趋势，直接影响到作物最后的产量和品质。作物长势监测在为农业生产提供宏观管理依据的同时，也是农作物产量估测的重要资料。作物长势监测的方法主要有直接监测法、同期对比法和作物生长过程监测法。

通常的农作物长势监测指对作物的苗情、生长状况及其变化的宏观监测，即对作物生长状况及趋势的监测。杨邦杰等将作物长势定义为包括个体和群体两方面的特征，叶面积指数 LAI 是与作物个体特征和群体特征有关的综合指标，可以作为表征作物长势的参数。归一化植被指数 NDVI 与 LAI 有很好的关系，可以用遥感图像获取作物的 NDVI 曲线反演计算作物的 LAI，进行作物长势监测。

4.6.4.4 土壤墒情监测

土壤墒情也就是土壤含水量，土壤在不同含水量下的光谱特征不同。土壤水分的遥感监测主要从可见光—近红外、热红外及微波波段进行。微波遥感精度高，具有一定的地表穿透性，不受天气影响，但是成本高，成图的分辨率低，其应用也受到限制。常用的还是可见光和热红外遥感。通过与反映土壤含水量相关的参数建立关系模型，反演土壤水分。

用于土壤水分监测的方法比较多：①基于植被指数类的遥感干旱监测方法，如简单植被指数、比值植被指数、归一化植被指数、增强植被指数、归一化水分指数法、距平植被指数等；②基于红外的遥感干旱监测方法，如垂直干旱指数法、修正的垂直干旱指数法等；基于地表温度（LST）的遥感干旱监测方法，如热惯量法、条件温度指数、归一化差值温度指数、表观热惯量植被干旱指数等；③基于植被指数和温度的遥感干旱监测方法，如条件植被温度指数、植被温度梯形指数、温度植被干旱指数模型等；④基于植被与土壤的遥感监测方法，如地表含水量指数作物缺水指数法等。总的来说，就是利用光学—热红外数据选择参数建立模型，进行含水量的反演。⑤进行土壤肥力监测、土壤结构信息的提取等。

4.6.4.5 农业资源调查

农业资源调查包括对土壤、地形、植被、表层地质、气候、水文和地下水等各种农业自然要素的调查。它几乎包含了整个农业生产的生态要素。最初，对这些要素的调查，是组织大量的人力，到各地进行测量、取样、化验、观测和分析。因此，所取得的数据是有限的，仅能用一套数据近似地代表一个地区的平均状况，精度较低。使用卫星遥感资料，可使地面上每 30 m×30 m，甚至更小的区域，都有具体的观测数据，这样大大提高了测量精度。并且可以对耕地面积、种植面积、森林覆盖面积、土壤侵蚀、草原退化和大面积火灾等进行实时监测。由于航空遥感拍摄的照片直观性和几何精度好，而且影像的光学纠正与精确技术较为成熟，已经成为土地资源调查的常规手段。20 世纪 70 年代以后，卫星遥感开始应用于中小比例尺的土地资源调查与清查。

（1）耕地资源调查。耕地是农业生产的基本保障，耕地面积和质量的变化对粮食安全和生态环境都有十分重要的影响。特别是在中国，人均耕地还不到世界人均耕地面积的一半，为此必须对全国耕地实行严格的保护制度。由于遥感监测覆盖面积广、重访周期短等优势，使其成为我国当前耕地资源监测的重要手段。国际上，美国的 LACIE 和欧盟的 MARS 计划包括了耕地面积遥感调查任务，俄罗斯农业部在 2003 年建设了全国农业监测系统，该系统主要获取耕地面积、耕地利用制图、作物生长状况等信息，主要依据 MODIS 植被指数的年内变化过程对作物与耕地面积进行估算分析。在非洲地区，埃及利用多时相 MODIS 数据和时间序列分析方法，分析了埃及尼罗河两岸不同时期的灌溉区卫星影像，实现了埃及全国农田面积调查提取和动态变化监测。由于我国耕地地块面积相对小而破碎，因此国内较多采用 TM 和 SPOT 较高空间分辨率影像数据进行耕地监测和管理。如国土资源部每年利用 SPOT 卫星影像数据进行全国耕地面积违法占用情况调查。

（2）土壤遥感调查。早期的土壤遥感调查主要集中在土壤类型遥感制图，即利用遥感图像对土壤类型、组合进行人工目视解译和勾绘。其方法是依据土壤发生学原理、土被形成和分异规律，对遥感图像特征（包括色调、纹理和图型结构）或解译标志以及地面实况调查资料，进行地学相关分析，直接或间接确定土壤单元或组合界线。现在土壤遥感调查主要集中在土壤关键理化特性的调查与制图，特别是土壤水分的遥感监测。

大面积土壤含水率状况对农作物产量预测、合理灌溉、防洪抗旱有着重要意义。目前土壤水分遥感监测主要包括光学、热红外、主被动微波遥感等手段，反演方法包括植被指数法、热惯量法、温度—植被指数法、微波反演等方法。对于裸露或植被覆盖稀疏的土地，较适用热惯量法。该方法主要利用遥感获取的地表昼夜温差以及土壤热惯量与土壤水分含量之间的关系来进行土壤水分的反演。如胡猛等基于 MODIS 数据，利用热惯量模型计算了表观热惯量，并与实测数据进行回归分析建模，反演了内蒙古额济纳盆地的土壤水分。对植被覆盖区，可以利用土壤与作物之间水分关系，来间接建立基于植被指数的土壤水分遥感监测。另外，由于水分和土壤介电常数差异显著，水的介质常数接近于 80 dB，而干土仅为 3~5 dB，湿土可高达 20 dB 以上，因此土壤水分微波遥感监测机理清晰，应用也较广。其中，主动微波遥感就是基于土壤介电常数从干土到饱和的不同引起后向散射系数的变化，对裸土来说，土壤湿度的增大会引起后向散射系数的增大。1978 年美国发射了世界上第一颗载有 SAR 系统的卫星"海洋卫星 Seasat-1"，实现了 SAR 系统由机载向星载的过渡。SAR 应用于土壤水分反演已经有 30 多年的历史，国际上提出了许多的模型和算法，包括理论模型和经验、半经验模型。目前较为常用的理论模型主要有 Kirchhoff 模型、小扰动模型（SPM）、积分方程模型（IEM）以及改进的 AIEM 模型；适用于裸地、稀疏到中等密度的地表植被覆盖条件的经验和半经验模型主要有 Oh 模型、Dubois 模型和 Shi 模型；对于植被覆盖较密的地表常用的模型主要有水—云模型（Water-Cloud Model）和基于辐射传输方程的 MIMICS 模型。最近几年，随着新一代雷达卫星（ALOS/PALSAR、TerraSAR-X、Cosmo-SkyMed、RADARSAT-2）的发射，其雷达数据的高分辨率、多入射角、多频段、多极化、多观测模式等优越性将逐渐显现，给土壤含水率的主动微波遥感监测带来新的潜力与希望。另外，被动微波遥感主要是通过测量地表的微波辐射来监测土壤水分，是大尺度下具有较高精度的土壤含水率监测方法，常被应用于进行大区域以及全球尺度的土壤水分动态监测。

其他土壤属性遥感调查，集中在土壤有机质、土壤粗糙度、土壤质地等属性。其中土壤有机质或有机碳是土壤最关键的属性，与土壤质量、肥力、碳库等直接相关。土壤有机质在可见光波段存在较宽的吸收波段，主要受到了土壤发色团和有机质本身黑色的影响，在视觉上表现为暗黑色的土壤比亮色的土壤有机质含量更高。而在近红外波段，主要受到 NH、CH 和 CO 等基团的分子振动的倍频与合频吸收影响，因此土壤有机质或有机碳的地面高光谱研究一直受到重视。利用卫星遥感探测土壤有机质的研究目前相对较少，一般在裸土情况下可以直接采用遥感光谱特性；而在植被覆盖时，经常采用其他成土因子间接地预测土壤有机质。

4.6.4.6 农业灾害预测和评估

卫星、航空遥感可以根据农业生产的需要，对农田、森林、草场植被指数、农业旱涝以及森林草原火灾等进行动态监测，还可以对土壤的侵蚀、草场的退化、沙化、沙尘暴等影响环境的因素进行定期监测。卫星云图是卫星遥感资料中的一部分，是监视热带风暴、冰雹和暴雨等灾害性天气的重要手段。在中央气象台每天通过电视发布的气象信息中，我们可以看到大范围的云图和天气系统的变化。这种通过卫星遥感连续观察到的云图，可使我们更准确地预测天气。此外，卫星遥感还可以用于病虫害和野生动物活动情况的监测。

气象卫星是利用光谱分类法来判识沙尘暴的。当很强的扬沙或沙尘暴出现时，沙尘云会表现出特殊的光谱特征，利用这些特征就可以有效地识别沙尘云。对某些地区的暴雨和可能造成的灾情，可以利用当时的卫星影像与经年卫星影像进行对比，可以获得有关洪水泛滥面积和灾情程度的较准确的结果。通过监测地温、土壤湿度，可以对旱灾的面积和危害程度进行准确监测和预报。在自然灾害监测方面，开展了北方地区土地沙漠化监测、黄淮海平原盐碱地调查及监测、北方冬小麦旱情监测等。草原火灾、雪灾等监测系统已投入运行。当前，遥感技术在国民经济各部门的应用非常普遍，遥感技术自身的发展也相当快。在实际应用当中，遥感技术在农业领域的应用已经成为现代空间信息技术的代表，遥感技术的应用与全球定位系统、地理信息系统、数字影像处理系统和专家系统密不可分。

因此，我们需要紧密跟踪其发展前沿，及时引入先进实用的方法，不断挖掘遥感技术在生产实践中的应用潜力，提高其在农业资源调查及动态监测、农作物遥感估产、灾情监测与预报等方面的应用水平。

（1）旱涝灾害。农业旱灾和洪涝灾害是目前世界范围内最常见、影响最大的两种气候灾害。每年因旱灾造成的经济损失约占气候灾害造成的经济损失总量的一半。由于洪涝灾害的突发性极强，每年我国农田大约受涝面积为 733 万 hm^2，造成 200 亿元的直接经济损失，占各类农业灾害损失的 30% 左右。目前最为常用的干旱监测方法为作物缺水指数法、热惯量法、植被指数法等，尤其是前 2 种方法。作物缺水指数法 CWSI（crop water stress index，作物缺水指数）主要利用作物冠层与冠层上空大气的温度差来反映作物根层的土壤水分信息，一般只适用于作物覆盖率较好的地区。但是现有的干旱指数多应用于具备干旱条件的地区，在潮湿地区作用有限，Rhee 提出一个新的干旱指数 SDCI（scaled drought condition index），该指数综合了地表温度（LST）数据和来自MODIS 传感器的归一化指数（NDVI）数据，以及从 TRMM 获得的降水数据。热惯量法是基于土壤水分对于土壤温度变化的阻抗。通过遥感图像反演研究区昼夜温差来反映农业旱情，一般用于裸地或者作物比较稀疏的地区。

对于洪涝灾害的遥感监测技术已经逐渐成熟，微波遥感由于不受时间和天气的影响，可以全天时、全天候地用来监测洪涝动态信息，是洪涝灾害发生期间最常用的监测手段。而光学遥感数据如 TM 和 SPOT 等，一般被用于灾后农田面积统计。Tapia-Silva 等运用 Landsat 影像和辅助数据进行农作物受洪涝灾害后的损失情况估测，并建立了相关模型，试验结果表明该模型的准确率为 66%。

（2）冷冻灾害。全球变暖的背景下，各类极端天气现象发生的频率和强度不断加强。频发的农业气象灾害严重制约着我国农业的平稳快速发展。以冷冻害为例，冷冻害是北方冬小麦和水稻的重大灾害之一，主要发生在越冬休眠期和早春萌动期，作物冷冻害遥感监测的技术方法一般可分为两种，地面温度监测和植被指数差异分析。其中，地面温度监测是利用遥感技术监测地面温度，尤其是最低气温，通常要求监测温度的精度小于 1℃。这是因为作物发生冻害与否直接与温度的高低有关，1℃ 的气温差别往往会带来两种不同的危害结果。一般研究所用的遥感影像资料分辨率较低，而 MODIS 数据具有较高的空间时间分辨率，在农业气象灾害监测方面具有一定的优势。

作物遭受冷冻害后植株保持过冷却状态，体内叶绿素活性会减弱，对近红外光和光的敏感度下降会导致植被指数发生变化。因此，植被指数差异分析主要是通过对比受灾前后植被指数的差值来判断受灾情况，其生物学意义较为明显。但是在实际应用中，植被指数（NDVI）并不能及时反映农作物冷冻害，往往在发生一段时间后才有所察觉，具有一定的延迟性。因此，要想取得理想的监测效果，就需要将 NDVI 监测与农作物地表温度反演有机地结合起来。

（3）病虫害。病虫害是影响农业生产的重要因素，给农业生产造成巨大的损失。据联合国粮农组织估计，世界粮食产量常年因病害损失 10% 以上，因虫害损失 10%。在我国，病虫害对于农业的收益有极为严重的影响，平均每年病虫害对我国农业生产造成的经济损失占各类农业灾害损失的 10%～15%。利用遥感大范围监测技术可以对农业病虫害做到早期发现，早期防治，及时响应，及时处理。遥感技术不仅能对农业虫害和病情的发生、发展进行实时监测，而且能对病虫害对于农作物生长影响作出有效的分析和评估。

病虫害遥感监测的原理是作物病虫害会导致作物叶片细胞结构色素、水分氮素含量及外部形状等发生变化，从而引起作物反射光谱的变化；对作物冠层来说，病虫害会引起作物叶面积指数生物量覆盖度等的变化，故病虫害作物的反射光谱与正常作物可见光到热红外波段的反射光谱有明显差异。

4.6.4.7 采集农作物生态环境信息

农作物是地球上生物圈的一个重要组成部分，它与土壤圈、水圈和大气圈密切联系在一起，不可能单独存在。农作物的生长是受土壤、大气和水影响与控制的。因此，土壤、大气和水直接关系到农作物的产量和质量。要实施精准农业，首先必须要知道土壤与大气状况及其动态变化，然后才能制定出因地制宜的方法来实施精准农业。应用遥感技术，可以调查耕地面积及其变化，监测耕地中有机剂与污染物的水平，对农业气象灾害进行预报、监测与评估等，以便及时采取相应措施来调整农业生产活动，保证精准农业的可预见性与人为性。

美国农业技术人员利用安装在拖拉机高架上的光谱仪来收集玉米作物的多光谱反射能力，从而监测其氮素水平。土壤学家 Jim Schepers 利用实时感应器（一种新的光谱仪）来测定几种作物的冠层反射能力，利用光谱仪可以测量并记录单条叶片的反射光谱信号，在晴朗的天气，用遥感仪监测作物的绿度。

4.6.4.8 农业环境保护

利用遥感信息对环境进行监测，获取了生态环境变化的基本数据的图面资料，提供了沙漠化进程、土地盐渍化和水土流失、生态环境恶化（如酸雨对植被的污染）、工业废水和生活污水对水体的污染、石油对海洋的污染等基本状况和发展程度的数据和资料，为环境的管理与治理等科学决策提供了依据。

遥感信息技术的理论和方法在环境监测、评估和环境灾害的调查以及在地理信息系统支持下的分析预测诸方面有着广泛的应用前景。

就目前而言，遥感技术在大气污染监测、内陆水体污染监测与海洋污染监测等方面都有着长足的发展。

4.6.5 农业遥感技术的发展趋势

（1）高光谱遥感的应用。高光谱（hyperspectral）遥感是指光谱分辨率在 $10-2\lambda$ 的遥感信息，其特点是光谱分辨率高（5~10 nm）、波段连续性强（在 0.4~2.5 μm 范围内有几百个波段）。高光谱遥感器既能对目标成像（有时也称成像光谱遥感），又能测量目标物的波谱特性。因此，它不仅可以用来提高对农作物和植被类型的识别能力，而且可以用来监测农作物长势和反演农作物的理化特性。目前，高光谱遥感已经成为农业遥感的一个重要内容和发展趋势。高光谱遥感的特征是：在特定光谱域内以高光谱分辨率同时获取连续的地物光谱图像，使得遥感应用着重于在光谱维上进行空间信息展开，获得更多的精细光谱信息，定量分析地球表面生物物理化学过程和参数。由于是超多波段成像，若以波长为横轴、灰度值作纵轴，高光谱图像上每一个像元点在各通道的灰度值都可形成一条精细的光谱线，这样就构成了独特的超多维光谱空间。

高光谱遥感作为一种新的遥感技术已经在 NDVI、LAI、光合有效辐射量等因子的估算中以及在植被生物化学参数分析、植被生产量和作物单产估计、作物病虫害监测等方面得到广泛的应用。但是，高光谱遥感（特别是卫星高光谱遥感）在农业上的应用还处于基础研究与实际应用的前期，存在诸如指数确定、建模等问题，有待进一步探索。

（2）微波遥感技术的应用。微波遥感是传感器的工作波长在微波波谱区的遥感技术，是利用某种传感器接受地理各种地物发射或者反射的微波信号，借以识别、分析地物，提取地物所需的信息。其优点在于：①全天候、全天时；②对某些地物有特殊的波谱特性；③对冰雪、森林、土壤有穿透能力；④对海洋遥感有特殊的意义；⑤分辨率较低，但特性明显。

微波遥感技术在农业各方面的应用使得人们能够更加方便、快捷、全面地获取信息，使遥感技术在农业方面的影响更进一步。

（3）卫星遥感技术的发展。为协调时间分辨率和空间分辨率这对矛盾，小卫星群计划将成为现代遥感的另一发展趋势。例如，可用 6 颗小卫星在 2~3 天内完成一次对地重复观测，可获得高于 1 m 的高分辨率成像光谱仪数据。除此之外，机载和车载遥感平台，以及超低空无人机载平台等多平台的遥感技术与卫星遥感相结合，将使遥感应用呈现出一派五彩缤纷的景象。

（4）发展新的遥感信息模型。遥感信息模型是遥感应用深入发展的关键，应用遥感信息模型，可计算和反演对实际应用非常有价值的农业参数。

在过去几年中，尽管人们发展了许多遥感信息模型，如绿度指数模型、作物估产模型、农田蒸散估算模型、土壤水分监测模型、干旱指数模型及温度指数模型等，但远不能满足当前遥感应用的需要，因此发展新的遥感信息模型仍然是当前遥感技术研究的前沿。如收集整理前人大量研究结果，进一步分析明确决定水稻品质的主要生化组分及其与品种和环境条件之间的关系，建立植株叶绿素、氮素及水分等主要环境因子与子粒蛋白、淀粉特性相关的农学机理和模型，着重研究水稻营养器官碳氮库、碳氮运转效率与子粒品质指标间的关系；构建水稻品质特征光谱参量识别模型、光谱反演模型和水稻品质光谱数据库，建立基于光谱数据库的多尺度（光谱、空间、时间）、多平台（地面平台、卫星平台）水稻品质遥感信息模拟与评价模型；建立农学模型与遥感模型之间的链接模型，开发出具有预测预报功能的水稻品质光谱和卫星监测信息系统，并以优质高效为目标，建立基于遥感信息的调优栽培体系及预测预报系统。

4.7 定位与导航技术

随着人类文明的不断进步，人们从刀耕火种的原始时代逐步发展到了有车、有船，甚至有了飞机、飞船、卫星的现代社会，导向的含义发生了根本性的外延和扩展。Navigation 源于海洋中船舶的航行，起初人们是通过罗盘、天文等手段对航行在海洋中的船舶进行导向和领航，后来发展到陆地车辆以及空中飞行器的领航，以至于 Navigation 逐渐被译成"导航"。

"导航"一词从广义上讲主要有两方面的活动范畴，一是直观的、容易实施的，即在已知方向或路线的情况下给客体领路、导向，把客体带向目的地，比如车队在领航员的带领下行进，船舶沿着罗盘给定的方向航行。二是控制型的、较复杂的，其实质是通过实时测定运动客体在途的位置（坐标）、速度、时间或姿态等动态参数，进行数据分析和计算，确定一条包括对速度、时间等方面有要求的科学路线和一个科学的行驶方案，然后利用操作系统引导和控制运动客体沿着已确定的路线行驶，行驶过程中还要进行实时的纠偏和修正，如现代技术的船舶航行、飞机飞行、火箭发射以及装备了导航装置的各类车辆的行驶，等等。"导航"主要涉及的是运动客体的"方向"，而实际上一个客体的准确定位显得更为重要。无论客体是静止还是运动的，当它实时所在的位置参量确定后，也随之能确定表征该客体状态的一系列重要参量。例如，知道一辆失窃的汽车在大地坐标系中的坐标参数后，就能知道该车所处方位和具体的所在地点，为破案提供有效手段；在获取了飞行中飞机的物联网通过实现人对物的管理、物对物的自主管理，达到物的信息网络化，实现信息资源共享和交换。动态点位值后，就能计算出它的速度、加速度、飞行轨迹，并为其下一步飞行方案的决策提供依据。可以说定位是导航的基础，有了准确的定位，才能有科学的导航；定位即是广义上的导航，也包含了比导航更宽的活动范畴。纵观这一领域从陆基导航技术到星基导航定位系统的发展沿革也充分地说明了这一点。所以，现代生活中用的较多的单词"导航""全球定位"应该是人类社会不断发展、科学技术不断进步的一种表征。

物联网定位就是采用某种计算技术，测量在选定的坐标系中人、设备以及事件发生的位置，是物联网科学发展和应用的主要课题之一。物联网中常用的定位技术主要有GPS、移动蜂窝测量技术、WLAN、短距离无线测量（Zigbee、RFID）、WSN 等。

4.7.1　基于物联网的定位技术分类

（1）射频识别室内定位技术。射频识别室内定位技术利用射频方式，固定天线把无线电信号调成电磁场，附着于物品的标签经过磁场后生成感应电流把数据传送出去，以多对双向通信交换数据以达到识别和三角定位的目的。

射频识别室内定位技术作用距离很近，但它可以在几毫秒内得到厘米级定位精度的信息，且由于电磁场非视距等优点，传输范围很大，而且标识的体积比较小，造价比较低。但其不具有通信能力，抗干扰能力较差，不便于整合到其他系统之中，且用户的安全隐私保障和国际标准化都不够完善。射频识别室内定位已经被仓库、工厂、商场广泛使用在货物、商品流转定位上。

（2）Wi-Fi 室内定位技术。Wi-Fi 定位技术有两种，一种是通过移动设备和三个无线网络接入点的无线信号强度，通过差分算法，来比较精准地对人和车辆进行三角定位。另一种是事先记录巨量的确定位置点的信号强度，通过用新加入的设备的信号强度对比拥有巨量数据的数据库，来确定位置。

Wi-Fi 定位可以在广泛的应用领域内实现复杂的大范围定位、监测和追踪任务，总精度比较高，但是用于室内定位的精度只能达到 2 m 左右，无法做到精准定位。由于Wi-Fi 路由器和移动终端的普及，使得定位系统可以与其他客户共享网络，硬件成本很低，而且 Wi-Fi 的定位系统可以降低射频（RF）干扰的可能性。

Wi-Fi 定位适用于对人或者车的定位导航，可以用于医疗机构、主题公园、工厂、商场等各种需要定位导航的场合。

（3）超宽带（UWB）定位技术。超宽带技术是近年来新兴一项全新的、与传统通信技术有极大差异的通信无线新技术。它不需要使用传统通信体制中的载波，而是通过发送和接收具有纳秒或微秒级以下的极窄脉冲来传输数据，从而具有 3.1~10.6 GHz 量级的带宽。目前，包括美国、日本、加拿大等在内的国家都在研究这项技术，在无线室内定位领域具有良好的前景。

UWB 技术是一种传输速率高，发射功率较低，穿透能力较强并且是基于极窄脉冲的无线技术，无载波。正是这些优点，使它在室内定位领域得到了较为精确的结果。超宽带室内定位技术常采用 TDOA 演示测距定位算法，就是通过信号到达的时间差，通过双曲线交叉来定位的超宽带系统，包括产生、发射、接收、处理极窄脉冲信号的无线电系统。而超宽带室内定位系统则包括 UWB 接收器、UWB 参考标签和主动 UWB 标签。定位过程中由 UWB 接收器接收标签发射的 UWB 信号，通过过滤电磁波传输过程中夹杂的各种噪声干扰，得到含有效信息的信号，再通过中央处理单元进行测距定位计算分析。

超宽带可用于室内精确定位，如战场士兵的位置发现、机器人运动跟踪等。超宽带系统与传统的窄带系统相比，具有穿透力强、功耗低、抗干扰效果好、安全性高、系统复杂度低、能提供精确定位精度等优点。因此，超宽带技术可以应用于室内静止或者移动物体以及人的定位跟踪与导航，且能提供十分精确的定位精度。根据不同公司使用的技术手段或算法不同，精度可保持在 0.1~0.5 m。

（4）地磁定位技术。地球可视为一个磁偶极，其中一极位在地理北极附近，另一极位在地理南极附近。地磁场包括基本磁场和变化磁场两个部分。基本磁场是地磁场的主要部分，起源于地球内部，比较稳定，属于静磁场部分。变化磁场包括地磁场的各种短期变化，主要起源于地球内部，相对比较微弱。现代建筑的钢筋混凝土结构会在局部范围内对地磁产生扰乱，指南针可能也会因此受到影响。原则上来说，非均匀的磁场环境会因其路径不同产生不同的磁场观测结果。而这种被称为 Indoor Atlas 的定位技术，正是利用地磁在室内的这种变化进行室内导航，并且导航精度已经可以达到 0.1~2 m。

百度于 2014 年战略投资了地磁定位技术开发商 Indoor Atlas，并于 2015 年 6 月宣布在自己的地图应用中使用其地磁定位技术，将该技术与 Wi-Fi 热点地图、惯性导航技术联合使用。精度高，宣传商业应用中，可以达到米级定位标准，但磁信号容易受到环境中不断变化的电、磁信号源干扰，定位结果不稳定，精度会受影响。

（5）超声波定位技术。超声波定位技术通过在室内安装多个超声波扬声器，发出能被终端麦克风检测到的超声信号。通过不同声波的到达时间差，推测出终端的位置。

由于声波的传送速度远低于电磁波，其系统实现难度非常低，可以非常简单地实现系统的无线同步，然后用超声波发送器发送，接收端采用麦克风接收，自己运算位置即可。由于声波的速率比较低，传送相同的内容需要的时间比较长，只有通过类似 TDOA 的方式才能获得较大的系统容量。

（6）ZigBee 室内定位技术。该项技术是通过若干个待定位的盲节点和一个已知位置的参考节点与网关之间形成组网，每个微小的盲节点之间相互协调通信以实现全部定位。

ZigBee 是一种新兴的短距离、低速率无线网络技术，这些传感器只需要很少的能量，以接力的方式通过无线电波将数据从一个节点传到另一个节点，作为一个低功耗和低成本的通信系统，ZigBee 的工作效率非常高。但 ZigBee 的信号传输受多径效应和移动的影响都很大，而且定位精度取决于信道物理品质、信号源密度、环境和算法的准确性，造成定位软件的成本较高，提高空间还很大。

ZigBee 室内定位已经被很多大型的工厂和车间作为人员在岗管理系统所采用。

（7）红外线定位技术。红外线是一种波长间于无线电波和可见光波之间的电磁波。红外线室内定位技术定位的原理是，红外线标识发射调制的红外射线，通过安装在室内的光学传感器接收进行定位。虽然红外线具有相对较高的室内定位精度，但是由于光线不能穿过障碍物，使得红外射线仅能视距传播。直线视距和传输距离较短这两大主要缺点使其室内定位的效果很差。当标识放在口袋里或者有墙壁及其他遮挡时就不能正常工作，需要在每个房间、走廊安装接收天线，造价较高。因此，红外线只适合短距离传播，而且容易被荧光灯或者房间内的灯光干扰，在精确定位上有局限性。

典型的红外线室内定位系统 Active badges 使待测物体附上一个电子标，该标识通过红外发射机向室内固定放置的红外接收机周期发送该待测物唯一 ID，接收机再通过有线网络将数据传输给数据库。这个定位技术功耗较大且常常会受到室内墙体或物体的阻隔，实用性较低。如果将红外线与超声波技术相结合也可方便地实现定位功能。用红外线触发定位信号使参考点的超声波发射器向待测点发射超声波，应用 TOA 基本算法，通过计时器测距定位。一方面降低了功耗，另一方面避免了超声波反射式定位技术传输距离短的缺陷，使得红外技术与超声波技术优势互补。

（8）蓝牙定位技术。蓝牙技术通过测量信号强度进行定位。这是一种短距离低功耗的无线传输技术，在室内安装适当的蓝牙局域网接入点，把网络配置成基于多用户的基础网络连接模式，并保证蓝牙局域网接入点始终是这个微微网（piconet）的主设备，就可以获得用户的位置信息。蓝牙技术主要应用于小范围定位，如单层大厅或仓库。蓝牙室内定位技术最大的优点是设备体积小、易于集成在 PDA、PC 以及手机中，因此很容易推广普及。理论上，对于持有集成了蓝牙功能移动终端设备的用户，只要设备的蓝牙功能开启，蓝牙室内定位系统就能够对其进行位置判断。采用该技术作室内短距离定位时容易发现设备且信号传输不受视距的影响。根据不同公司使用的技术手段或算法不同，精度可保持在 $3 \sim 15$ m。

（9）GPS 及北斗卫星等定位技术。北斗卫星定位是中国自主研发的，利用地球同步卫星为用户提供全天候、区域性的卫星定位系统。它能快速确定目标或者用户所处地理位置，向用户及主管部门提供导航信息。北斗卫星导航系统在 2008 年的汶川地震抗震救灾中发挥了重要作用。在当地通信设施严重受损的情况下，通过北斗卫星系统实现各点位各部门之间的联络，精确判定各路救灾部队的位置，以便根据灾情及时下达新的救援任务。

现阶段北斗卫星应用于民事的比较少，而市面上也可以看到有北斗手机和北斗汽车导航。

（10）基站定位技术。基站定位一般应用于手机用户，手机基站定位服务又叫作移动位置服务（LBS——location based service），它是通过电信移动运营商的网络（如 GSM 网）获取移动终端用户的位置信息（经纬度坐标），在电子地图平台的支持下，为用户提供相应服务的一种增值业务，如目前中国移动动感地带提供的动感位置查询服务等。

由于 GPS 定位比较费电，所以基站定位是 GPS 设备常见功能。但是基站定位精度较低，一般存在 $500 \sim 2\,000$ m 的误差。

4.7.2　导航系统

虽然各种各样的陆基无线电导航系统至今仍被广泛应用，而且在某些领域发挥了极其重要的作用。但它们普遍存在定位精度低、信号覆盖范围有限等问题，难以满足现代航空、航海、军事及陆地车辆的高准确度导航定位的需要。所以，以 GPS 为代表的星基导航系统应运而生。自人造地球卫星问世以来，人类在星基导航定位技术的研究上投入了大量的人力和财力，走过了艰苦奋斗、不断创新、硕果累累的半个世纪，取得了巨大成功，翻开了导航领域崭新的一页，开创了空间技术为人类造福的新纪元。

4.7.2.1　前苏联的第一颗人造地球卫星

前苏联于 1957 年 10 月 4 日成功发射了世界上第一颗人造地球卫星，这颗卫星的发射在证明人类在空间技术领域又取得重大突破的同时，主要用于科学研究和空间考察，包括空间各类信息的采集，跟踪、定轨、通信、卫星性能考察等实验。当该卫星发射信号时，它作为一个已知的空间信号源，为人类获取相关的信息资源，开展测距、定位、导航研究搭建了一个世界共享的技术平台。可以说，它是星基导航技术的启明星。

4.7.2.2 卫星多普勒导航系统

（1）美国的子午卫星导航系统（TRANSIT）。美国霍普金斯大学应用物理实验室的韦芬巴赫等学者在苏联这颗卫星入轨不久，在地面已知坐标点上对其进行跟踪并捕获到了它发送的无线电信号，测得它的多普勒频移，进而解算出了苏联卫星的轨道参数，掌握了它在空间的实时位置。根据这一观测结果，该实验室的麦克雷等学者提出了一个"反向观测"设想：有了地面已知点可求得在轨卫星的空间坐标；反之，如果知道卫星的轨道参数，也能求解出地面观测者的点位坐标。随后通过一系列的理论计算和实验验证，证明这一设想是科学、可行的。

（2）美国的 GPS。尽管 TRANSIT 在导航技术的发展中具有划时代的意义，但它存在观测时间长、定位速度慢（2 个小时才有一次卫星通过，一个点的定位需要观测 2 天），不能满足连续实时三维导航的要求，尤其不能满足飞机、导弹等高速动态目标的精密导航要求。于是在 20 世纪 60 年代中期，美国海军提出了"Timation"计划，美国空军提出了 621B 计划，并付诸实施。但在发射了数颗实验卫星和进行了大量实验后发现各自都还存在一些大的缺陷。在此背景下，1973 年美国国防部决定发展各军种都能使用的全球定位系统（GPS），并指定由空军牵头研制。在项目的实施中，参加的单位有美国空军、陆军、海军、海军陆战队、海岸警卫队、运输部、国防地图测绘局、国防预研计划局，以及一些北大西洋公约组织和澳大利亚。历时 20 多年，耗资数百亿美元，于 1994 年 3 月 10 日，24 颗工作卫星全部进入预定轨道，GPS 系统全面投入正常运行，技术性能达到了预期目的，其中粗码（CA 码）的定位精度高达 20 m，远远超过设计指标。GPS 是现代科学的结晶，它的推广应用有力地促进了人类社会进步。

（3）苏联的 GLONASS。各国不但在 GPS 的应用研究和信息资源开发方面给予了巨大的投入，而且不少国家和地区正在积极地研制自己的卫星导航系统。前苏联在总结第一代卫星导航系统的基础上，吸收了美国 GPS 系统的经验，研制称之 GLONASS（global navigation satellite system）的全球导航卫星系统。1982 年 10 月 12 日发射第一颗 GLONASS 卫星，1996 年 1 月 18 日完成 24 颗卫星在轨。GLONASS 的主要作用是实现全球、全天候的实时导航与定位以及各种等级和种类的测量，单点定位精度水平方向为 16 m，垂直方向为 25 m。

GLONASS 与 GPS 类似，也由星座、地面控制和用户设备三部分组成。空间星座由 24 颗 GLONASS 卫星组成，其中 21 颗工作卫星，3 颗在轨备用卫星，分布在 3 个近似为圆的轨道面上，每个轨道上均匀分布 8 颗卫星，卫星运行周期 11 小时 15 分，轨道面互成 120 度夹角，轨道偏心率为 0.01，轨道离地高度约 19 390 km，每颗卫星质量为 1 400 kg，这样的分布可以保证地球上任何地方任一时刻都能收到至少 4 颗卫星的导航信息，GLONASS 卫星上装备有高稳定度的铯原子钟，星载设备接收地面站的导航信息和指令，对其进行处理，生成导航电文向用户广播和控制卫星在轨的运行。地面监控部分包括位于莫斯科的控制中心和分散在俄罗斯整个领土上的跟踪控制站网，负责搜集、处理 GLONASS 卫星的轨道参量和相关信息，向每颗卫星发射控制指令和导航信息，实现对 GLONASS 卫星的整体维护和控制。用户设备通过接收 GLONASS 卫星信号，测量其伪距或载波相位，结合卫星星历进行必要的处理，便可得到用户的三维坐标、速度和时间。

4.7.2.3 我国北斗卫星导航系统

北斗卫星导航定位系统［Beidou（compass）navigation satellite system，CNSS］是中国自主研制开发的区域性有源三维卫星定位与通信系统，是继美国的全球定位系统（GPS）、俄罗斯的 GLONASS 之后第三个成熟的卫星导航系统。北斗卫星导航定位系统致力于向全球用户提供高质量的定位、导航和授时服务，突出特点是：卫星数目少，用户终端设备简单，其建设与发展则遵循开放性、自主性、兼容性、渐进性 4 项原则。

GPS 是美国军方控制的军民共用系统，目前对世界开放，中国也可以免费接收 GPS 信号，但美国人并不承诺保证你的使用，他可以随时收费和对你关闭系统，尤其是在战时。因此，"中国也必须有自己的卫星定位系统"。我国于"九五"立项，其工程代号为"北斗一号"。2003 年 5 月 25 日，我国在西昌将第三颗"北斗一号"送入太空，与 2000 年发射的前两颗一起构成了我国完备的卫星导航定位系统，即北斗卫星导航系统，这是我国自行研制的区域性卫星定位与通信系统，它标志着我国成为继美国 GPS 和俄罗斯 GLONASS 后，在世界上第三个建立了完备的卫星导航系统的国家，该系统的建立将对我国国防现代化和国民经济建设发挥重要作用。

我国正在建设的北斗卫星导航系统空间段由 5 颗静止轨道卫星和 30 颗非静止轨道卫星组成，提供两种服务方式，即开放服务和授权服务（二代系统）。开放服务是在服务区免费提供定位、测速和授时服务，定位精度为 10 m，授时精度为 50 ns，测速精度为 0.2 m/s。根据系统建设总体规划，2012 年左右，系统将首先具备覆盖亚太地区的定位、导航和授时以及短报文通信服务能力；2020 年左右，建成覆盖全球的北斗卫星导航系统。

（1）北斗导航定位系统的组成。北斗导航定位系统包括空间部分、地面控制部分和用户接收部分。空间系统部分由两颗地球同步卫星、一颗在轨备份卫星组成，分别位于赤道面 80° E、140° E 和 110.50° E，前两颗卫星经度相差 60 度。

地面控制系统部分包括 1 个配有电子高程图的地面中心定位控制站、计算中心、测轨站、测高站、几十个分布于全国的参考标校站等。用于对卫星定位、测轨、调整卫星运行轨道、调整卫星姿态、控制卫星的工作，测量和收集校正导航定位参量，以形成用户定位修正数据并对用户进行精确定位。

用户接收部分用于接收中心站通过卫星转发来的信号和向中心站发出定位请求。和 GPS 接收机不同的是，北斗系统的用户设备不含有定位解算处理设备。用户设备可分为定位通信型（基本型）、通信型、授时型、指挥型用户机。

（2）北斗导航定位系统的工作原理。"北斗一号"卫星导航定位系统的定位原理是基于三球交会原理进行定位，以两颗卫星的已知坐标为球心，两球心至用户的距离为半径，可画出两个球面，用户机必然位于这 2 个球面交线的圆弧上。另一个球面是以地心为球心，画出以用户所在位置点至地心的距离为半径的球面，三个球面的交会点即为用户的位置。

（3）北斗导航定位系统的工作流程。"北斗一号"卫星导航定位系统的具体定位解算工作过程：①首先由中心控制系统向卫星 1 和卫星 2 同时发送询问信号，经卫星转发器向服务区内的用户广播。②用户响应其中一颗卫星的询问信号，并同时向两颗卫星发送响应信号，经卫星转发回中心控制系统。③中心控制系统接收并解调用户发来的信号，然后根据用户的申请服务内容进行相应的数据处理。对定位申请，中心控制系统测出两个时间延迟。④按照北斗导航定位系统的工作原理，由③的两个延迟量可以算出用户所在点的二维坐标，另外中心控制系统从数字化地形图查询到用户高程值。从而中心控制系统可最终计算出用户所在点的三维坐标，并将这个坐标经加密发送给用户。

（4）北斗导航定位系统的三大功能。①快速定位：系统可为服务区内用户提供全天候、高精度、快速实时定位（可在 1 s 之内完成）服务，定位精度为 20～100 m。②简短报文通信：系统用户终端具有双向数字报文通信功能，注册用户利用连续传送方式可以传送多达 120 个汉字的信息。③精密授时：系统具有单向和双向两种授时功能。根据不同的精度要求，利用授时终端，完成与北斗导航定位系统之间的时间和频率同步，提供 100 ns（单向授时）和 20 ns（双向授时）的时间同步精度。

4.7.2.4 欧盟的伽利略系统（Galileo）

由于美国发展 GPS 技术的实质是以军用为主、民用为辅。一旦出现战事等紧急情况，美国将采取相应措施限制或终止外国使用 GPS，海湾战争和科索沃战争期间，美国对外限制 GPS 的使用进一步给欧洲人敲响了警钟，增强了欧盟建立自己的、不受美国控制的卫星导航定位系统的决心。同时，随着 GPS 逐步向民间开放，它已逐渐成为一个年产值达千亿美元的大产业。欧洲发展卫星导航系统，涉及重大的政治与经济利益，一方面是不"受制于人"，另一方面可为欧盟各国带来巨大的商机，大大提高欧盟的经济竞争力。所以，从 20 世纪 90 年代起，欧盟就开始酝酿建立自己的全球卫星导航系统，1998 年欧盟 15 国决定制订一个卫星导航系统的建设计划，1999 年初名为 Galileo（伽利略）的卫星导航系统计划出台。该系统的星座由均匀分布在 3 个轨道中的 30 颗卫星组成，每个轨道上 9 颗工作卫星和 1 颗备用卫星，轨道离地高约 24 000 km，计划总投资 35 亿欧元，所需资金中近 2/3 是来自私营公司及投资者。Galileo 系统是欧洲计划建设的新一代民用全球卫星导航系统，多用于民用，但也用于防务，它可提供 3 种服务信号：对普通用户的免费基本服务，加密且需注册付费的服务，供友好国家的防务等需要的高精度加密服务，其精度依次提高，用户可根据需要进行选择。Galileo 与 GPS 比较具有一些明显的优势，一是定位精度高，Galileo 定位误差在 1 m 之内，远优于 GPS 的 10 m，有专家形象地评价说："如果 GPS 可以发现街道，Galileo 就能找到车库门"；二是 Galileo 的轨道位置比 GPS 高，可覆盖全世界所有地方，而 GPS 系统尚不能完全覆盖北欧；三是工作卫星多 6 颗，在同一地点可观测到的卫星比 GPS 多，能解决 GPS 系统解决不了的"城市森林"现象；四是它能与 GPS、GLONASS 系统相互兼容，Galileo 接收机可以采集各个系统的数据或者通过各个系统数据的组合来实现定位导航的要求。

4.7.2.5 其他导航系统

对于卫星导航定位系统来说，无论是 GPS、GLONASS，还是 Galileo，无疑是维护一个国家安全的重要体系，这种安全绝不仅仅是军事安全本身，也包括经济、政治、文化等方面的一系列安全。所以，不少国家和地区都在策划建立自己的卫星导航定位系统，以争取在这一领域的自主权和主动性。印度正在开发能与 GPS、GLONASS 和 Galileo 系统相连接的卫星导航系统，并于 2007 年投入使用。日本将投入 2 000 亿日元，建成由 3 颗卫星组成的"准天顶卫星系统"，该系统可以和 GPS 并用，定位精度高达十几厘米，预计在 2008 年投入使用后的 12 年内，会有 6 万亿日元的经济效益。加拿大的主动控制网系统（CACS）、德国的卫星定位导航服务系统（SAPOS）等正在实施中。

综上所述，随着人类文明的不断进步和科学技术的快速发展，从原始时期的找方向、领路，发展到后来的陆基导航，以至现在的全球卫星导航定位系统，可以说这是几千年人类社会进步的一个缩影，它是伴随着人们生产、生活的需要而发展起来的。目前，世界上共有四套卫星导航定位系统，包括已投入运行的 GPS、GLONASS 和正在建设中 Galileo 等三套全球卫星导航定位系统和我国的区域性北斗卫星导航定位系统。这些卫星导航系统在给人们带来极大的方便、造福于人类的同时，也是继通信、互联网之后的第三个高新技术的经济增长点，已在北美、欧洲以及其他地区得到了广泛的应用并产生了巨大的经济效益。显而易见，建设卫星导航定位系统不仅经济效益显著，而且更是一个国家国防能力和综合实力的重要体现。展望未来，不断完善现有的系统，设计和建设能满足社会进步所提出的新要求新需要的、全世界和平共享的新的一代又一代的全球卫星导航定位系统应该是人们永远追求的目标。

5 传输技术

传输技术（transmission technology）指充分利用不同信道的传输能力构成一个完整的传输系统，使信息可靠传输的技术。传输系统是通信系统的重要组成部分，传输技术主要依赖于具体信道的传输特性。信道分为有线信道和无线信道。有线信道又可进一步细分为架空明线（传输能力一般不超过 12 个话路）、对称电缆（用于载波通信的高频电缆一对芯线的传输能力可达 120 个话路）、同轴电缆（其传输能力可达 1 800~3 600 个话路）、光缆（单模光纤的传输能力已可达若干万个话路）等；无线信道又可进一步分为地波传播（如极长波、超长波、长波、短波等）、天波传播（即经电离层反射传播，如短波）、视距传播（如超短波、微波）等。由于不同信道有各自适用的频率范围，信源的信号必须通过"调制"到给定的频率范围才能进行传输，故调制技术是传输技术的关键之一。对给定的信道，使之能传输多个信源信息的技术称为"复用"，复用旨在提高信道的有效性，是传输技术的另一关键。不同传输介质的信道有各自适用的频率范围。为了使信息能在给定传输媒介的频率范围内传输，需要将信源信号的频谱搬移到给定频率范围内，这可通过调制来实现。常用的调制方式有调幅、调频、调相等。调制技术是传输技术的核心问题之一。在用调制技术实现频谱搬移时，需要有准确稳定的振荡源，有时是可变频率的振荡源，这可由频率合成器来提供（见频率合成）。常见的复用技术有频分复用、时分复用、码分复用、波分复用等。传输的可靠性是传输技术的另一个要点，这主要涉及信道编码技术和最佳接收技术。

光纤传输和无线移动通信技术是未来一段时期内最重要的两种传输技术。光纤传输将以其高带宽和高可靠性成为未来信息高速公路的主干传输手段；移动通信则以其高度的灵活性，机动性将成为信息社会人们普遍采用的通信形式，进而通过与光纤通信、卫星通信的结合，实现真正"全球通"已经指日可待。

古时候的火光传递信号、信鸽传书、旗语等，都属于传输技术的一部分，目的在于长距离地传递两者之间的信号。在现在的科技时代，传输技术的应用范围更广，可以将生物信号、微电流信号长距离传送到远端的仪器或者显示设备。目前传输技术广泛应用于固定电话、移动通信、闭路电视系统、无线电台、卫星技术、Internet 网络等。随着传输技术的发展，不断地引入信号加密技术来防止"黑客"窃取他人的隐私，使得传输技术更为严密。传输技术使得人类的信号传播更为迅速和广泛，为人类的发展提供了无限的发展空间。

5.1 农业信息传输技术概述

农业信息技术就是实现农业各种信息检索与获取、存储与传递、分析与利用的技术。实现农业自动化生产，对自然环境实时监测，指导农业生产、管理，最大限度地避免自然灾害对农业造成的损失；从而提高对农业和农村经济发展的政策决策水平，达到科学化管理，提高农产品质量，降低农业生产成本，提高经济效益，推动农业科学技术的研究与发展。

农业信息数据传输具有需要数据采集或监控的网点多、要求传输的数据量不大且要求设备成本低、数据传输可靠性高、安全性高、设备体积很小、不便放置较大的充电电池或者电源模块、用电池供电、地形复杂、监测点多、需要较大的网络覆盖等特点。另外，现有移动网络有覆盖盲区，使用现存移动网络进行低数据量传输的遥测遥控系统，效果差或成本太高。因此，要选择一种合适的传输标准，实现并得到最好性价比的无线传输系统。我国农村受地理位置、人文和自然环境等条件的制约，经济状况差别大，基础设施建设不平衡，偏远地区的农民获取信息渠道贫乏，缺乏农业技术指导，增产难；区域性小市场与大市场信息沟通不畅，农民增收难；农业教育、生产、流通、服务体系不协调，提高产品质量难。在农业增效和农民增收越来越受到资源和市场双重约束的现阶段，信息已成为一种重要的生产要素，广大农民对此已经有深刻的认识，他们说，"信息是思路、信息是门路、信息是财路"。无论是组织生产经营，还是外出务工，都必须有及时、准确的市场信息。只有进一步强化信息服务，才能努力把农业和农村内部增收的文章做足，使农产品结构更趋合理，农产品适销对路。

发达国家农业信息化的发展大致经历三个阶段：20世纪五六十年代，主要是利用计算机进行农业科学计算；20世纪70年代的工作重心是农业数据处理和农业数据库开发；20世纪80年代，特别是20世纪90年代以来，研究重点转向知识的处理、自动控制的开发以及网络技术的应用。目前美国已建成世界最大的农业计算机网络系统，该系统覆盖了美国国内的46个州，欧美国家的农业信息化技术已进入产业化发展阶段；日本早在1994年底就已开发农业网络400多个，计算机在农业生产部门的普及率已达93%。在发达国家，信息技术在农业上的应用大致有以下方面：农业生产经营管理、农业信息获取及处理、农业专家系统、农业系统模拟、农业决策支持系统、农业计算机网络等。农业中所应用的信息技术包括计算机、信息存储和处理、通信、网络、多媒体、人工智能、"3S"技术（即GIS、GPS、RS）等。

农业信息工作在不断提高信息工程实施管理能力、应用系统的需求分析能力、电子政务运转支持能力、信息系统安全保障能力、网络信息宣传导向能力、数据处理分析预测能力等服务外，国家除了构建完备的农业信息网络，还需鼓励建立完善的农业市场信息体系。

农业信息技术要求在构建强大的农业数据库基础上，完善农业信息网络，建设农业信息传播体系和农业市场信息体系。近年来，农业网站如雨后春笋，农业信息服务作用日益增强，农业网站以信息量大、信息及时、便于查询、可远程交易、互动性好等特点正受到越来越多的农民关注。农民可以通过农业网站学习新的农业技术，了解国家政策，调整种养结构，买卖农产品等。但农业网站也存在普遍问题：网站总体规模小，分布不均衡；网站信息重复现象严重，实用性差；设计不够精细，信息内容缺乏多样性；信息的时效性差，信息内容单调等。

5.2 农业无线传感器网络

无线传感网络具有感知、计算和通信能力，正以一种"无处不在的计算"的新型计算理念成为连接物理世界、数字虚拟世界和人类社会的桥梁，并开始广泛地应用于军事、工业、农业、环境资源监测、智能交通、智能家居和空间探索等多个领域，成为国际上信息领域的研究热点和竞争焦点，有着广泛的应用前景。在现代化农业的研究上，及时迅速地获取相关信息是实施现代化农业生产和管理的一个重要环节。无线传感器网络以一种全新的信息获取方式，能实时、快速地将监测区域内的各种检测对象的信息远程传输到终端用户（如农业生产管理者）。管理者根据相关信息，结合专家经验，及时准确地做出决策和响应，科学实施农业生产和管理。

目前，无线技术在农业中的应用比较广泛，但大都是具有基站星型拓扑结构的应用，并不是真正意义上的无线传感器网络。农业一般应用是将大量的传感器节点构成监控网络，通过各种传感器采集信息，以帮助农民及时发现问题，并且准确地确定发生问题的位置，这样农业将有可能逐渐地从以人力为中心、依赖于孤立机械的生产模式转向以信息和软件为中心的生产模式，从而大量使用各种自动化、智能化、远程控制的生产设备。2002 年英特尔公司率先在俄勒冈州建立了第一个无线葡萄园。传感器节点被分布在葡萄园的每个角落，每隔一分钟检测一次土壤温度、湿度或该区域的有害物的数量以确保葡萄可以健康生长，进而获得大丰收。澳大利亚的 CSRIOICT Center 将无线传感器节点安置在动物身体上，对动物的生理状况（脉搏、血压等）和外界环境进行监测，研制成完善的草地放牧与动物模型。以上是目前为数不多的无线传感器网络应用事例，其实无线传感器网络在大农业中的应用远不止这些，下面是一些无线传感器网络在农业中的简单应用。

（1）应用于温室环境信息采集和控制。在温室环境里单个温室即可成为无线传感器网络的一个测量控制区，采用不同的传感器节点和具有简单执行机构的节点（风机、低压电机、阀门等工作电流偏低的执行机构）构成无线网络来测量土壤湿度、土壤成分、pH 值、降水量、温度、空气湿度和气压、光照度、CO_2 浓度等来获得作物生长的最佳条件，同时将生物信息获取方法应用于无线传感器节点，为温室精准调控提供科学依据。最终使温室中传感器、执行机构标准化、数据化，利用网关实现控制装置的网络化，从而达到现场组网方便、增加作物产量、改善品质、调节生长周期、提高经济效益的目的。

（2）应用于节水灌溉。无线传感器网络自动灌溉系统利用传感器感应土壤的水分，并在设定条件下与接收器通信，控制灌溉系统的阀门打开、关闭，从而达到自动节水灌溉的目的。由于传感器网络多跳路由、信息互递、自组网络及网络通信时间同步等特点，使灌区面积、节点数量不受到限制，可以灵活增减轮灌组，加上节点具有的土壤、植物、气象等测量采集装置、通信网关的 Internet 功能与 RS 和 GPS 技术结合的灌区动态管理信息采集分析技术、作物需水信息采集与精量控制灌溉技术、专家系统技术等构建高效、低能耗、低投入、多功能的农业节水灌溉平台。可在温室、庭院花园绿地、高速公路中央隔离带、农田井用灌溉区等区域，实现农业与生态节水技术的定量化、规范化、模式化、集成化，促进节水农业的快速和健康发展。

（3）应用于环境信息和动植物信息监测。通过布置多层次的无线传感器网络监测系统，对牲畜家禽、水产养殖、稀有动物的生活习性、环境、生理状况及种群复杂度进行观测研究，也可用于对森林环境监测和火灾报警（平时节点被随机密布在森林之中，平常状态下定期报告环境数据，当发生火灾时，节点通过协同合作会在很短的时间内将火源的具体地址、火势大小等信息传送给相关部门）。同时也可以应用在精准农业中，来监测农作物中的害虫、土壤的酸碱度和施肥状况等。

5.3 4G、5G 通信技术

4G 通信技术是以传统通信技术为基础，并利用了一些新的通信技术，来不断提高无线通信的网络效率和功能的。如果说现在的 3G 能提供一个高速传输的无线通信环境的话，那么 4G 通信将是一种超高速无线网络，一种不需要电缆的信息超级高速公路。4G 通信系统可以适应移动计算、移动数据和移动多媒体的运作，并能满足数据通信和多媒体业务快速发展的需求。从覆盖范围、通信质量和数据通信速度的角度看，4G 通信系统更能满足需求，用户在高速移动状态下的传输速率可以达到 10 Mbps 至 20 Mbps，甚至可能以 100 Mbps 的速度传输无线信息。从用户对服务的需求角度看，4G 通信系统能满足用户更多的需求，如 4G 透过宽频的信道传送出去的大量无线多媒体通信服务，包括语音、数据、影像等信息，且能实现一些无线通信增值服务，如无线区域环路、数字音讯广播等。从运营商的角度看，4G 通信系统不仅要与现有的通信网络系统兼容，还应具备更低的时延、建设和运行维护成本、更高的数据吞吐量、鉴权能力和安全性能，同时要能支持多种 QoS 等级。

5G 指的是第五代移动通信技术。与前四代不同，5G 并不是一个单一的无线技术，而是现有的无线通信技术的一个融合。目前，LTE 峰值速率可以达到 100 Mbps，5G 的峰值速率将达到 10 Gbps，比 4G 提升了 100 倍。现有的 4G 网络处理自发能力有限，无法支持部分高清视频、高质量语音、增强现实、虚拟现实等业务。5G 将引入更加先进的技术，通过更加高的频谱效率、更多的频谱资源以及更加密集的小区等共同满足移动业务流量增长的需求，解决 4G 网络面临的问题，构建一个高速的传输速率、高容量、低时延、高可靠性、优秀的用户体验的网络社会。

5G 是基于第四代移动通信的演进，其未来的发展方向必定以"人的体验"为中心，在终端、无线、业务、网络等领域进行融合以及创新。同时，5G 在用户感知、获取、参与和控制信息的能力上带来革命性的影响。5G 网未来将会结合蜂窝网和局域网的优点，形成一个更加智能、友好的环境。在另一方面，5G 也是以物为基础的通信，如车联网、物联网、智慧城市、新型智能终端，这些应用对网络要求和以人为基础的通信要求有很大区别，如 M2M 在消息交换的应用中对速率要求不高，时延也不敏感，而不同的物联网场景对网络性能要求也不尽相同，这就要求 5G 时代网络更加具有"智慧"。

5.4 LoRa 与 NB-IoT 的区别

随着物联网技术的快速发展，LPWA（低功耗广域网络）技术迅速兴起。物联网提供了一个更好的解决方案来处理大量的设备不断发展的基础要求，如覆盖范围，可靠性，延迟，低功耗。LPWA 即是能够以更低的成本点和更好的功耗实现广域通信。许多 LPWA 技术如 TE-M，SigFox，长距离（LoRa）和窄带（NB）-IoT 等技术相继出现。其中 LoRa 和 NB-IoT 这两种技术最为热门。可以从物理特性、网络结构和实际应用需求（服务质量（QoS），电池寿命和延迟，网络覆盖范围，部署模型和成本等）几个方面进行比较。

2013 年 8 月，Semtech 公司向业界发布了一种新型的基于 1 GHz 以下的超长距低功耗数据传输技术（Long Range，简称 LoRa）的芯片。它使用线性调频扩频调制技术，既保持了像 FSK（频移键控）调制相同的低功耗特性，又明显地增加了通信距离，同时提高了网络效率并消除了干扰，即不同扩频序列的终端即使使用相同的频率同时发送也不会相互干扰，因此在此基础上研发的集中器/网（concentrator/gateway）能够并行接收并处理多个节点的数据，大大扩展了系统容量。

NB-IoT（narrow band internet of things）是由 3GPP 作为版本 13 的一部分而建立的一项新的物联网技术。采用 QPSK 调制，被集成到 LTE 标准中，为了降低设备成本，降低电池消耗，保持尽可能简单，从而消除了 LTE 的许多特性，包括切换，测量以监测信道质量，载波聚合和双连接。

5.4.1 基本参数

LoRa 和 NB-IoT 的基本参数比较如表 5-1 所示。

表 5-1　LoRa 与 NB-IoT 基本参数比较

参数	LoRa	NB-IOT
频段	免费的 470 MHz	授权的 800 MHz、900 MHz
调制方式	CCS	QPSK
带宽	125~500 kHz	180 kHz
数据速率	290 bps~50 kbps	234.7 kbps
链路预算	154 dB	150 dB
电源效率	很高	中等偏上
传输距离	城区 1~2 km	取决于基站密度和链路预算
区域覆盖能力	取决于网关类型	每户 40 台设备，每个单元 55k 个器件
抗干扰性	很高	低
峰值电流	32 mA	120~300 mA
休眠电流	1 μA	5 μA
标准化	De-facto Standard	3GPP Rel. 13

5.4.2 网络架构

LoRa-WAN 定义了通信协议和系统架构，而 LoRa 定义了物理层。LoRa-WAN 采用长距离星型架构，其中网关用于在终端设备和中央核心网络之间中继消息。在 LoRa-WAN 网络中，节点不与特定网关关联。相反，节点传输的数据通常由多个网关接收。每个网关将通过一些回程（蜂窝、以太网、卫星或 Wi-Fi）将收到的数据包从终端节点转发到基于云的网络服务器。

NB-IoT 核心网基于演进分组系统（EPS），定义了蜂窝物联网（CIoT）的两个优化，用户平面 CIoTEPS 优化和控制平面 CIoTEPS 优化。对于上行和下行数据，两架飞机都选择最佳的控制和用户数据包路径。所选平面的优化路径对于移动台产生的数据包是灵活的 NB-IoT 用户的小区接入过程与 LTE 类似。演进的 UMTS 陆地无线接入网（E-UTRAN）在控制平面 CIoTEPS 优化上处理 UE 与 MME 之间的无线电通信，并且由称为 eNodeB 或 eNB 的演进型基站组成。然后，通过服务网关（SGW）将数据发送到分组数据网络网关（PGW）。对于非 IP 数据，它将被转移到新定义的节点服务能力暴露功能（SCEF）中，该功能可以在控制平面上传送机器类型数据，并提供服务的抽象接口。通过用户平面 CIoTEPS 优化，IP 和非 IP 数据都可以通过无线承载通过 SGW 和 PGW 传输到应用服务器。

两者相比，对于 NB-IoT，现有的 E-UTRAN 网络架构和骨干网可以重复使用。LoRa-WAN 网络架构比较简单，但是网络服务器比较复杂。

5.4.3 实际应用需求比较

（1）服务质量（QoS）。LoRa 使用未经许可的频谱，是一个异步协议。基于 CSS 调制的 LoRa 可以处理干扰，多路径和衰落，但不能提供与 NB-IoT 所能提供的 QoS 相同的 QoS。这是因为 NB-IoT 使用许可的频谱，并且其时隙同步协议对于 QoS 是最佳的。但是，QoS 的这个优点是以牺牲成本为代价的。亚 GHz 频谱的许可频段频谱拍卖通常每兆赫超过 5 亿美元。由于 QoS 和高频谱成本之间的折衷，需要 QoS 的应用更倾向于 NB-IoT，而不需要高 QoS 的应用则应选择 LoRa。

（2）电池寿命和延迟。在 LoRa-WAN 中，设备可以随时随地休眠，因为它是一个基于 ALOHA 的异步协议。在 NB-IoT 中，由于频繁但规律的同步，该设备消耗额外的电池能量，而 OFDM 或 FDMA 需要更多的线性发射机的峰值电流。这些额外的能量需求决定了 NB-IoT 的设备电池寿命比基于 LoRa 的设备短。另一方面，这些要求为 NB-IoT 提供了低延迟和高数据速率的优势。因此，对于那些对延迟不敏感且没有大量数据发送的应用，LoRa 是最好的选择。对于要求低延迟和高数据速率的应用，NB-IoT 则是更好的选择。

（3）网络覆盖范围。LoRa 的主要利用优势是整个城市可以被基站覆盖。NB-IoT 主要关注安装在远离正常范围的地方的 MTC 类设备。因此，覆盖范围不应低于 23dB。NB-IoT 的部署仅限于 4G/LTE 基站。因此，不适合没有 4G 覆盖的农村或郊区。LoRa-WAN 生态系统的一个重要优势是其灵活性。LoRa-WAN 可能比 NB-IoT 网络有更广的网络覆盖范围。

（4）部署规模。NB-IoT 可以通过重用和升级现有的蜂窝网络进行部署，但其部署仅限于蜂窝网络支持的区域。NB-IoT 规范于 2016 年 6 月发布，因此需要额外的时间才能建立 NB-IoT 网络。而 LoRa 组件和 LoRa-WAN 生态系统现在已经趋于成熟和生产，全国范围内的部署正处于展开阶段。

（5）应用场景。LoRa：（物联网产业）智能农业、智能建筑、工厂、机场、卫生医疗等。

NB-IoT：（物联网个人、公共）智能穿戴、智能自行车、监控追踪、智能计量、智能停车、智能垃圾桶等。

6 农业信息处理技术

信息技术是指获取、传递、处理和利用信息的技术。信息技术包括通信技术、自动化技术、微电子技术、光电技术、光导技术、计算机技术和人工智能技术等。信息技术以微电子技术为基础，以传感技术、通信技术和计算机技术为核心和标志。信息处理技术，主要研究对象已经由原来简单的线性、因果、最小相位等特殊系统，逐步发展到现在的非线性、非因果、非最小相位，更具有普遍意义的系统，对随时变化的信号进行处理和分析是信息处理技术发展的一个重要方向。在信息作战领域，信息处理技术的主体——计算机技术和作为信息处理工具的电子计算机，是信息作战指挥员和指挥控制机构的"外脑"，是信息作战系统的核心。其组成的计算机网络，将各种信息系统、信息武器系统、数字化部队相连，使信息的获取、传递、处理、辅助决策、指挥控制、显示和对抗实现了自动化，它可为信息作战指挥员及其指挥控制机构提供经处理的必要、适时、准确和相关的情报信息，使其在"透明"的信息化战场指挥部队和控制武器系统进行信息作战任务，协调诸军兵种联合作战，以夺取信息作战的胜利。这表明，信息处理技术已成为信息作战的重要支柱。信息处理技术的应用程度已成为信息作战运用高新技术程度的一个重要标志。

所谓农业信息技术，是指利用信息技术对农业生产、经营管理、战略决策过程中的自然、经济和社会信息进行采集、存储、传递、处理和分析，为农业研究者、生产者、经营者和管理者提供资料查询、技术咨询、辅助决策和自动调控等多项服务的技术的总称。它是利用现代高新技术改造传统农业的重要途径。农业信息技术的应用，特别是遥感技术（RS）、地理信息系统（GIS）、全球定位系统（GPS）的应用，因具有宏观、实时、低成本、快速、高精度的信息获取，高效数据管理及空间分析的能力，从而成为重要的现代农业资源管理手段，广泛应用于土地、土壤、气候、水、农作物品种、动植物类群、海洋渔业等资源的清查与管理，以及全球植被动态、土地利用动态监测、土壤侵蚀监测。我国已研制出红壤资源信息系统、土地利用现状调查和数据处理系统、北方草地产量动态监测系统、中国农作物种质资源数据库及国家农业资源数据库等。

农业信息工作者要把零碎的、杂乱无章的农业信息原始资料转化为有利用价值的农业信息，必须经过一番艰苦的劳动，进行认真筛选、鉴定、加工、整理、贮藏等一系列处理工作，才能实现农业信息自身价值和作用，所以农业信息处理质量的高低，直接关系到农业信息应用的经济、社会效益的大小，也直接影响到农村经济的发展。

6.1 信息处理技术概述

信息技术是研究信息的获取、传输、处理、监测、分析和利用的技术，主要用于管理和处理信息，由传感技术、计算机技术、通信技术、微电子技术结合而成，常被称为"信息和通信技术"，有时也叫作"现代信息技术"。随着互联网的发展和计算机用户的增加，产生了大量的信息数据，如何对这些数据进行高效大量的处理是当今急需解决的一个难题，也为传统计算机信息处理技术带来了一定的压力，计算机信息处理技术是将数据的输送、获取、分析、使用、监测、处理等技术结合在一起，并且对信息实行统一的管理。计算机信息处理技术融合了计算机技术、通信技术、网络技术、传感技术、微电子技术等先进的科学技术，在现代社会中具有广泛的用途。

6.1.1 通信技术

通信技术是将信息从一地传递到另一地所采用的措施、方法以及设备等技术。通信技术及其通信业务的基础设施是电信网。信息通讯技术在社会各个领域的广泛应用已变成现实，在人们生活中必不可少。技术创新日渐增多，创新速度越来越快，为日常生活的诸多难题提供了解决之道，使人们的生活需求更多、更快地满足。基于无线通信技术具有成本低、灵活性高、易用性强、扩展性好、设备维护便捷等诸多优点，如今无线通信技术飞速发展，技术不断升级更新。在发展的同时，研究的热点也相对更集中，主要有超宽带通信技术、RFID（射频识别）、NFC（近场通信）、LTE（long-term evolution，长期演进）和4G等。

6.1.1.1 电信网的组成

电信网由终端设备、传输设备和交换设备组成。通信终端设备有电话机、传真机、电传机、数据终端、图像终端、多媒体终端等。传输设备分为有线通信传输设备和无线通信传输设备。有线通信传输设备有电缆和光缆等。无线通信传输设备有微波收、发信机和通信卫星等。交换设备有电话交换机、电报交换机等，它是实现用户终端设备中信号交换、持续的装置。通信技术的任务是高速度、高质量、准确、及时、安全、可靠地传递和交换各种形式的信息。世界现代通信技术及其通信设备为通信网的发展提供了条件。

6.1.1.2 电信网的分类

电信网的分类如表6-1所示。

表6-1 电信网的分类

性质	组成
信号形式	模拟通信网
	数字通信网
交换方式	电路通信网
	电文通信网
	分组通信网

6.1.1.3 通信技术的分类

(1) 光纤通信技术。光波是电磁波，其波长在微米级，频率在 10^{14} Hz 数量级，比微波要高出 $10^3 \sim 10^4$ 倍，所以比之有高出千万倍的通信容量。光纤现有窗口可容纳 20 T Hz 带宽的信号，如何发挥其潜力呢？一是提高信号的码率；一是用相干光通信；一是用掺铒光纤放大器；一是采用光波频分复用技术，还可采用光孤子通信。什么是光孤子？光脉冲在光纤的非线性和光纤的色散特性相互补偿下会形成光孤子。光孤子脉冲可以在光纤中长距离传输而不发生畸变，因而可得到很高的码率，是高速度、长距离光纤通信的优越方案。

(2) 卫星通信技术。卫星通信具有容量大、覆盖面广、通信质量高、选站灵活和成本低廉的特点。卫星通信按运行轨道分有同步轨道卫星、中轨道卫星和椭星轨道卫星。卫星的业务范围很广，除电话、数据和电视广播外，还为海陆空提供移动通信、GPS 定位导航和 VSAT（卫星小型地面站）等。到 1995 年止，全世界的卫星通信转发按 36 MHz 有效带宽计已达 3 140 个。80 年代出现了国防海事卫星通信系统，目前已有 5 颗卫星正在为三大洋的航船提供海陆空商务和遇难/救援工作。近期，他们又在原卫星通信系统的基础上使用了 11 颗距地面 35 860 km 的同步卫星，将开展 14 项服务业务。目前全球汽车电话系统已经开通，用户汽车上都安有一个无线系统，不论汽车的运行方向与速度如何变化，天线系统均能自动跟踪 Internet 通信卫星，从而实现在汽车运行中的全球通信。目前已有 6 500 个用户，每个用户每天平均使用 2 次，时间约 2 min，每分钟通话费仅 4~6 美元。目前已开通电话与传真收发业务，2018 年年底将开通数据传输业务。

(3) 移动通信技术。移动通信有着丰富的内容：蜂窝移动电话系统、集群式专用调度移动通信、CT 无绳电话系统与无线寻呼（BP）机系统。总的发展趋势是数字化、小型化与个人化。

蜂窝式移动电话系统已有 20 多年的历史，可过去是模拟制的，存在着频率利用率低、保密性差、功能少、设备复杂及价格偏高的缺陷，所以从 20 世纪 80 年代开始，不少国家都开发了第二代数字化的蜂窝移动电话通信系统。2000 年用户达到 12 亿，美国占 50%，模拟制被淘汰。

(4) GPS 卫星导航定位系统。1964 年世界上第一个卫星导航系统——美国"子午仪"投运，通过 4~6 颗卫星组成的导航卫星网，运行于近似圆形的极轨道上，卫星由南向北运行，高度 1 100 km，运行周期为 107 min，可完成全球、全天候的经纬二维定位，精度才 100~300 m。为了满足现代战争的需要，美国防部已投资 100 亿美元，历时 20 年开发制成了 GPS 系统。系统由卫星、设在美国本地及三大洋的主控站、监控站组成。不仅在海湾战争中发挥了作用，而且在全球掀起了 GPS 热潮，引发了导航界的一场革命，大有取代所有导航方式的趋势，包括地下与水下。难怪美国军方声称 GPS 的应用仅限于人们的想象力。目前不论用户在任何地点、任何时间至少能同时观测到 5 颗卫星，GPS 系统可从其中 3~4 颗星发出的信号里通过数据转换成导航的指示。它具有全球性、全天候和实时的导航、定位、定时功能，能实时地提供三维坐标（经、纬、高度）和速度与时间信息，定位精度 10 m。我国"远望"号测量船已用国产的 GPS 为发射的第二颗澳星测轨。

（5）BIP-ISDN。实际上，今天业已存在的长途电信网、卫星通信网、海底光缆网、国际计算机互联网已无一不是国际性的全球网络了。所有的通信网都是由传输设备、交换设备、终端设备与网控设备四部分组成的，信息高速公路的目标模式是 BIP-ISDN。首先是 B-ISDN，B-ISDN 应采用 CCITT 的建议，用同步数字系列（SDH）进行复接传输，全国要采用统一的时钟同步，这样的光纤网就叫作同步光纤网 SONET。BIP-ISDN 在交换方面采用 ATM 异步转移模式，也就是宽带综合业务的交换系统，包括电的、光的、光电混合的 ATM 技术。在终端方面，必须采用多媒体终端。智能网采用开放式结构与标准接口，在网络中应引入语言识别、语音合成、人工智能、神经网络技术，网络的智能化应包括网络自身的管理、组织、监控、调度的智能化以及向用户提供如电话翻译等带智能化的信息服务业务。随着 BIP-ISDN 的逐步完善，通信业务除了传统的电话外，像数据、文字、可视电话、语音信箱、电子邮政、电子数据交换、彩色传真、智能用户电报、会议电视、大众广播、虚拟专用网，尤其是 Internet 业务都可开展。

6.1.2　计算机信息处理技术主要内容

信息技术的发展给人们的生活和工作都提供了很多的便利，在经历了爆炸式用户增长后，计算机的处理信息也越来越多，人们对计算机的处理能力也提出了更高的要求，"大数据"时代由此而生。在"大数据"时代，计算机处理技术必须要提升，在处理海量信息的同时，如何保证信息安全也很重要。当前的计算机技术难以满足"大数据"的处理要求，因此需要重点提升计算机处理技术，加强计算机信息安全保护，从而让计算机更好地适应"大数据"时代的发展。

所谓的计算机信息处理技术就是集获取、输送、监测、处理、分析、使用等为一体的技术，其主要作用是对信息进行处理和管理。计算机信息处理技术是多种技术的总称，包括数据传输、信息分析、信息查询和存储等，其是企业现代事物管理的重要部分，快速的信息处理能力为企业数据的管理提供了便利。计算机信息处理技术涉及多方面的内容，其核心是计算机技术，逐渐成为企业发展的基础设施支持。计算机处理技术改变了传统的办公模式，人机结合保证了办公效率，同时也提升了对各种数据的处理能力。计算机是加工、处理和储存信息的工具，它具有速度快、容量大、处理能力强的待点。

（1）信息虚拟化技术。在计算机中，虚拟化（virtualization）是一种资源管理技术，是将计算机的各种实体资源，如服务器、网络、内存及存储等予以抽象、转换后呈现出来，打破实体结构间的不可切割的障碍，使用户可以比原本的组态更好的方式来应用这些资源。这些资源的新虚拟部分是不受现有资源的架设方式、地域或物理组态所限制。一般所指的虚拟化资源包括计算能力和资料存储。在实际的生产环境中，虚拟化技术主要用来解决高性能的物理硬件产能过剩和老的旧的硬件产能过低的重组重用，透明化底层物理硬件，从而最大化地利用物理硬件。

虚拟化技术具有可以减少服务器的过度提供、提高设备利用率、减少 IT 的总体投资、增强提供 IT 环境的灵活性、可以共享资源等优点，但虚拟化技术在安全性能上较为薄弱，虚拟化设备是潜在恶意代码或者黑客的首选攻击对象。目前常用的虚拟软件有 VM ware、Virtual PC 以及微软在推的 Windowssever2008 中融入的 Hyper-v1.0。

（2）云技术。云技术（cloud technology）是基于云计算商业模式应用的网络技术、信息技术、整合技术、管理平台技术、应用技术等的总称，可以组成资源池，按需所用，灵活便利。云计算技术将变成重要支撑。技术网络系统的后台服务需要大量的计算、存储资源，如视频网站、图片类网站和更多的门户网站。伴随着互联网行业的高度发展和应用，将来每个物品都有可能存在自己的识别标志，都需要传输到后台系统进行逻辑处理，不同程度级别的数据将会分开处理，各类行业数据皆需要强大的系统后盾支撑，只能通过云计算来实现。

（3）自动化资源调度技术。资源调度是指在特定的资源环境下，根据一定的资源使用规则，在不同的资源使用者之间进行资源调整的过程。这些资源使用者对应着不同的计算任务（例如一个虚拟解决方案），每个计算任务存在于操作系统中对应于一个或者多个进程。通常有两种途径可以实现计算任务的资源调度：在计算任务所在的机器上调整分配给它的资源使用量，或者将计算任务转移到其他机器上。自动化资源调度技术是信息处理的重要技术，资源调度技术可以把信息技术进一步进行优化配置，弥补信息中存在的漏洞或者改正信息中的错误，提升信息数据储存形式及调阅形式的协调性。资源调度技术的自动化更加提高了信息处理的工作效率，为用户提供了更加高效快捷的信息服务。自动化资源调度技术实现了信息利用的最大化，对数据自动进行合理的分类，减少数据冗余，对信息检索有很大的帮助。

6.1.3　微电子技术

微电子技术是指微小型电子元器件和电路的研制、生产及实现电子系统功能的技术系统，其核心技术是集成电路。微电子技术是现代电子信息技术的直接基础，它的发展有力推动了通信技术、计算机技术和网络技术的迅速发展，成为衡量一个国家科技进步的重要标志。美国贝尔研究所的三位科学家因研制成功第一个结晶体三极管，获得1956年诺贝尔物理学奖。晶体管成为集成电路技术发展的基础，现代微电子技术就是建立在以集成电路为核心的各种半导体器件基础上的高新电子技术。集成电路的生产始于1959年，其特点是体积小、重量轻、可靠性高、工作速度快。衡量微电子技术进步的标志主要在三个方面：一是缩小芯片中器件结构的尺寸，即缩小加工线条的宽度；二是增加芯片中所包含的元器件的数量，即扩大集成规模；三是开拓有针对性的设计应用。

（1）微电子技术的功能。微电子技术是无线电通信、雷达、导航、广播、电视、电子计算机以及各种电子仪器等电子设备的技术基础。微电子技术最重要的应用领域是计算机技术。

（2）微电子技术的发展方向。当今世界微电子技术发展迅速，向着高集成度、高速度、低功耗、低成本、超微型、高精密度、多功能等方向发展。高集成化、高速度和多功能化的三维集成电路是微电子技术的主要特征和发展方向。一块只有几个毫米的八层三维集成电路可达到一千六百万位的记忆容量。

6.1.4　传感技术

遥感技术是20世纪60年代发展起来的一门综合性探测技术。传感技术同计算机技术与通信一起被称为信息技术的三大支柱。从物联网角度看，传感技术是衡量一个国家信息化程度的重要标志。传感技术是信息的检阅、变换、显示、采集等的技术，人们利用遥感、遥测等传感器、换能器和显示器来采集各种形式的信息。传感技术的任务是高精密度、高可靠性、高效率地采取信息。它利用有关传感器和敏感元件，将人类感觉器官肉眼看不到、耳朵听不到、鼻子嗅不到的信息提取出来，延伸和扩大了人类收集各种信息的功能和范围。

传感技术包括各种传感器、换能器和显示器等研制技术，遥测、遥感和检测技术，以及传感系统构筑技术等。传感器研制技术方面，人类已研制出热敏、压敏、湿敏、磁敏、光敏、声敏、味敏、嗅敏等敏感元件，如红外、紫外等光波波段的敏感探测器，次声、超声传感器等。遥感技术可分为被动遥感技术和主动遥感技术。被动遥感技术是利用物体运动发射的红外线，通过红外线探测器来接收物质运动的信息。主动遥感技术是通过一定的设备向特定目标发射电磁波，然后接收反射波以获取有关信息。遥感遥测是收集信息的重要手段，在社会、经济、国防等方面有着广泛的用途。研制各种智能传感器，并形成智能传感系统，将促进传感技术的发展。

依托传感技术获取信息靠各类传感器，它们有各种物理量、化学量或生物量的传感器。按照信息论的凸性定理，传感器的功能与品质决定了传感系统获取自然信息的信息量和信息质量，是高品质传感技术系统的构造第一个关键。信息处理包括信号的预处理、后置处理、特征提取与选择等。识别的主要任务是对经过处理的信息进行辨识与分类。利用被识别（或诊断）对象与特征信息间的关联关系模型对输入的特征信息集进行辨识、比较、分类和判断。因此，传感技术是遵循信息论和系统论的。它包含了众多的高新技术、被众多的产业广泛采用。它也是现代科学技术发展的基础条件，应该受到足够的重视。

6.2 大数据时代下的信息处理技术

"大数据"指的是数量庞大的数据，同时也显示出海量信息的多样化、复杂化和重复化，大数据是所涉及的数据量规模大到无法通过人工在合理时间内达到截取、管理、处理并整理成为人类所能解读的信息。在总数据量相同的情况下，与个别分析独立的小型数据集相比，将各个小型数据集合并后进行分析可得出许多额外信息和数据关系性，来察觉商业趋势、判定研究质量、避免疾病扩散、打击犯罪或测定实时交通等用途是大型数据集盛行的原因。在百度百科中，大数据或称巨量资料，指的是所涉及的资料量规模巨大到无法透过目前主流软件工具，在合理时间内达到撷取、管理、处理并整理成为帮助企业经营决策更积极目的的资讯。在维基百科中，大数据是由数量巨大、结构复杂、类型众多数据构成的整合共享，交叉复用形成的智力资源和知识服务能力。

大数据是在传统数据库学科的分支，是在数据仓库与数据挖掘的基础理论上进一步发展起来的。但在结构化程度和异常数据处理上有所不同。传统数据库保存的是结构化或半结构化的数据，以二维表或标准 XML 文件的方式存储数据。由于结构清晰，处理相对容易，传统数据库通常把异常数据先剔除，应用在需要高精确度的领域，如银行对每个账户的管理；而大数据面向的是一切计算机可以存储的数据格式，包括互联网上的各种网页、图片、音频、视频，包括办公文档、报表，包括人们在搜索引擎中输入的关键词、在社交网络中的留言、喜好，也包括各种传感器自动惧的邻近结果等，显然不同的格式处理起来更加困难；大数据在处理异常数据时，则允许异常数据存在，更多应用在预测方面，找出大量数据中隐藏的关联关系，少量异常数据不会对总体结果产生影响。

大数据、物联网、云计算、移动通信等都是近年涌现出来的新兴概念，彼此之间不是孤立的，而是存在着内部联系。大数据是在云计算和物联网之后的又一次技术变革，在企业的管理、国家的治理和人们的生活方式等领域都造成了巨大的影响。大数据将网民与消费的界限和企业之间的界限变得模糊，在这里，数据才是最核心的资产，对于企业的运营模式、组织结构以及文化塑造中起着很大的作用。所有的企业在大数据时代都将面对战略、组织、文化、公共关系和人才培养等许多方面的挑战，但是也会迎来很大的机遇，因为只是作为一种共享的公共网络资源，其层次化和商业化不但会为其自身发展带来新的契机，而且良好的服务品质更会让其充分具有独创性和专用性的鲜明特点。所以，知识层次化和商业化势必会开启知识创造的崭新时代。腾讯、百度、新浪、淘宝等国内知名互联网和电商公司都已快速加入大数据应用队伍中，对已经持有的大数据进行挖掘，以便改善自身的服务。可见，这是一个竞争与机遇并存的时代。

大数据时代的来临，是机遇也是挑战，其中存在的一个明显问题就是，传统的计算机病毒、服务器受到恶意攻击与盗版软件的问题依然存在，还出现了操纵和篡改他人数据以及伪造和假冒他人身份等许多新问题，这些问题对互联网的服务品质造成了很大的冲击。网络具有强大信息收集、整理能力，这也使得一些复杂的问题只需要很短的时间就能解决，一些重要的问题也能够在极短的时间内达到一种全球性的共识。不过，这种现象也意味着在短时间内，很难将公众的真实看法和网络群体正在表达的观点区分开。大数据时代中，信息之间的联系越来越紧密，由于信息的关联性太强，需要人们理解和掌握更多的有关解析学与数据的信息。这也导致我们很难从大量的信息中找到自身需求的东西。计算机数据带有一定的虚拟性，因此"大数据"的爆发也是计算机发展的必然结果。

从传统计算机信息处理上看，"大数据"的成本低，数据资源丰富，规模大，数据和数据之间的关系复杂，带有冗余，因此传统的计算机难以满足如此大规模的数据计算。在"大数据"时代的数据处理中，需要将全部数据集中存储，通过分类、遗传等算法来统一整理。"大数据"的处理需要有更强的洞察、决策能力，同时处理能力强，满足互联网发展的要求。在"大数据"时代，多样化的网络资源软件随之出现，如百度云、360企业云盘等，用户只需要一个账号和密码即可将大量数据传输、存储在云盘上，提升数据存储的安全性和利用效率。

6.3 国内外农业信息技术现状

6.3.1 国外农业信息技术应用现状

国外农业信息技术应用的现状主要体现在以下4个方面。

（1）数据库与网络。农业信息量大、面广而分散，目前国际上最普遍、最实用的方法是将各种农业信息加工成数据库并建立农业数据库系统。

（2）精确农业。精确农业发源于美国，是信息技术与农业生产全面结合的一种新型农业，是21世纪农业的发展方向。主要由10个系统组成。包括全球定位系统、农田遥感监测系统、农田地理信息系统、农业专家系统、智能化农机具系统、环境监测系统、系统集成、网络化管理系统和培训系统。其中，遥感技术已被欧洲、美国、日本、中国和澳大利亚等国家广泛应用于农业资源调查、农业生态环境评价、作物产量预报和农林牧灾害监测等各个方面。农作技术已精确定位到 $10 \ m^2$ 为单位的小块土地上，大大降低了作物生产成本。及至 1999 年，美国使用精确农业技术约达 90%，英国、德国、法国、荷兰、西班牙、澳大利亚、加拿大等发达国家正在迅速发展精确农业，不少发展中国家也在酝酿实施这一项目。近年来，以航空为主的遥感技术开始应用于农田信息采集，虽处于起步阶段，但发展势头迅猛。

（3）专家系统。国外农业专家系统的应用始于 20 世纪 70 年代后期，最早是美国 Illinois 大学的植物病理学家和计算机学家共同开发的大豆病害诊断专家系统 PLANT/ds。20 世纪 80 年代中叶有了迅速的发展，美国、英国、荷兰、澳大利亚、加拿大等国相继在作物栽培、畜禽饲养、农业经济效益分析、农产品市场销售管理等方面研制出不少的农业专家系统。据统计，1995 年美国正在使用或准备使用的农业专家系统有 1 000 多个，日本有 400 多个。从开发总量看，美国占绝大部分，几乎占 80%，其他国家（包括中国）只占 20%。专家系统今后的研究重点：建立模型以描述农业生产中非结构化、非系统化的知识，最终建立以主要农作物、畜禽、水产为对象的生产全程管理系统和实用技术系统，促进农业生产的科学管理和先进技术的推广利用。

（4）虚拟农业。虚拟农业是 20 世纪 80 年代中期问世的一种农业信息技术的高新产品，是作物生长模拟模型的进一步发展。它利用计算机虚拟现实技术、仿真技术、多媒体技术建立数学模型定量而系统地描述作物生长发育器官建成和产量形成等生理生态过程与环境之间相互作用的数量关系，在此基础上，设计出虚拟作物、畜禽，从遗传学角度定向培育农作物，改变传统的育种和科研方式。目前世界上仅有少数几个研究机构在开展这方面的研究，研究内容为虚拟主要农作物、畜禽的育种和管理。

6.3.2 国内农业信息技术应用现状

信息技术在我国农业领域的应用虽起步较晚，但发展很快。1979 年从国外引进遥感技术并应用于农业，首开信息化农业的先河。1981 年中国建立第一个计算机农业应用研究机构，即中国农业科学院计算中心。开始以科学计算、数学规划模型和统计方法应用为主的农业科研与应用研究。1987 年农业部成立信息中心，开始重视和推进计算机技术在农业领域的试点和应用。1994 年以来，中国农业信息网和中国农业科技信息网的相继开通运行，标志着信息技术在农业领域的应用开始迈入快速发展阶段。目前，信息技术农业应用研究与推广取得了一些成果，建起了一批农业综合数据库和各类应用系统。其中以粮、棉、油为主的信息技术成果约占 1/3。如利用计算机技术，对农作物的选种、灌溉和施肥等不同管理环节进行优化处理后，向农民提供信息咨询，指导农民科学种田；对农作物病虫害、产量丰歉等进行预测预报，帮助农药企业合理安排生产，辅助农民科学调整生产结构；对不同类型的农业经济系统、土壤—作物—大气系统等进行仿真。辅助农业管理者编制农业规划和生产计划；根据各种动物营养需求，生产最佳的饲料配方，帮助生产厂家和养殖户获得最大经济效益。近年来，部分科研院所开始探索计算机视觉及图像处理技术在农业领域的应用，有些已取得显著的效果。农业部利用网络协议信息发布与查询等技术，建成的专业面涵盖较宽，信息存储、处理及发布能力较强，信息资源丰富和更新量较大的中国农业信息网，现联网用户已发展到了 3 000 多家。据中国农业科学院科技文献中心检索，到 2001 年 3 月中国大陆农业网站数量近 2 200 家，超过了法国、加拿大等发达国家，如果加上台湾和香港的农业网站，中国农业网站数量可排在世界前 10 名以内。另外，开展了网络农业、精确农业、虚拟农业等的探索研究。近年来，在农业研究信息系统、科技基础数据库、小麦—玉米连作智能决策系统、农业词表和机器翻译系统、多媒体光盘应用系统、农场管理系统、畜牧营养数据库、土肥信息管理系统、草地信息系统等方面取得了一系列进展和科技成果。

7 农业信息决策与分析

信息分析是当代社会重要的信息处理活动之一。早期的信息分析主要依靠直观分析和经验，借助于一些先兆信息加以推测而得。第二次世界大战以后，随着科学技术和生产力的高速发展以及新技术、新工艺、新材料的不断涌现，人类社会进入了一个崭新的发展阶段。与此同时，新的问题、新的现象、新的需求也应运而生。在这种情况下，信息分析的重要性便凸显出来了。正如恩格斯所说的，社会一旦有技术上的需要，则这种需要就会比十所大学更能把科学推向前进。在总结实践经验的基础上，信息分析逐渐成为一门实践性很强的学科，迅速发展壮大。信息分析在各国有不同的提法。在我国，信息分析又称作情报研究，有时也称作情报分析、情报分析研究、信息研究、信息分析与预测等。

信息分析是一种环境分析和扫描工作，为那些某个组织（国家、机构或企业等）提供发展机会或产生威胁的外部因素进行分析。信息分析是根据用户的特定需求，对大量纷繁无序的信息进行有针对性的选择、分析、综合、预测，为用户提供准确的、系统的、及时的大流量知识与信息的智能活动。同时，信息分析是以社会用户的特定需求为依托，以定性或者定量方法为手段，通过对文献信息的搜集、整理、鉴定、分析综合等系统化加工过程，形成新的、增值的信息产品，最终为不同层次的科学决策服务的一项具有科研意义的智能活动。信息分析尽管在不同国家有不同的提法，归纳为信息分析是以原生信息为处理对象，对原生信息内容研究分析，提炼出对管理、决策活动有支持作用的活动服务。

信息决策是指决策主体在决策过程中作出正确决策的信息依据，即环境信息和内部信息。信息的特性包括真实性、及时性、适用性及系统性。决策信息的生命力在于其真实性和准确性。真实性是指尊重客观事物的客观性和反映事物变化的准确性，决策信息必须能够真实反映客观事物的现状和变化。如果信息失真，就会导致判断失误，决策错误，酿成不良后果。在领导活动中，决策者能否具有较强的应变能力，对不断变化的环境做出迅速的反应，不失时机地采取对策，关键在于能否及时掌握信息。及时性要求缩短信息的流动时间，对信息的收集、整理、传递都要快节奏，以求迅速得到信息，尽快地利用信息。事物变化越快，信息的时间性越强；获取信息越及时，信息的价值越大。时间就是金钱，效率就是生命。要选择对决策具有直接意义、参考价值、实际作用，能体现最新情况的高质量的信息。既包括正面的信息，又包括反面的信息。决策信息不是零星的、个别的、紊乱的，而是由具有特定内容和性质，在一定的环境条件下为某种决策服务的信息所组成的有机整体。

7.1 农业信息决策系统

农业信息决策系统是以计算机技术为基础的对决策支持的知识信息系统，用于处理决策过程中的半结构化和非结构化问题。决策支持系统的研究始于 20 世纪 70 年代初，美国麻省理工学院的 S. Scott、Morton 等人开创了这方面的工作。1982 年 Sprague 和 Carlson 将决策支持系统定义为：交互式计算机支持系统，能帮助决策者运用资料和模式解答非结构性问题。经过 20 多年的研究，已在农业、工业、商业和贸易等方面建立了各类决策支持系统，为高层或基层的管理决策和策略的制定提供了辅助决策的工具。

农业信息决策系统是在农业信息系统、作物模拟模型和农业专家系统的基础上发展起来的。早在 20 世纪 60 年代，随着数据库技术的问世，农业信息系统也随之发展。一般来说，农业信息系统是由农业数据库和数据库管理程序构成，这种系统具有数据的查询、检索、修改和删除等功能。因此，在这基础上发展的农业决策支持系统仅是数据的支持，而决策过程还需人们加以干预。

在作物计算机模拟模型方面，20 世纪 60 年代中期，荷兰 C. T. deWit 和美国 W. G. Duncan 开创了作物生长动力学模拟的研究。荷兰 C. T. deWit、Goudriaan、F. W. T. Penningde、Vries 等人侧重于作物生长机理模型的研究，他们以作物生长、发育和产量形成过程的机理（光合、呼吸和蒸腾等）为基础，建立了环境因子与这些过程的数学方程，模拟作物生产力；著名的机理模型有 SUCROS、MACROS 模拟器。而美国 W. G. Duncan、J. T. Ritchie、D. N. Baker、J. W. Jones 等人将作物生长、发育和产量形成的基本过程进行简化，通过经验关系式表达环境因子与作物生长、发育间的关系，以函数模型方式模拟作物生产力；著名的函数模型有 CERES Wheat、CERES - Maize、CERES-Sorghum、CERES-Millet、SOYGRO、GOSSYM 等。不论是机理模型还是函数模型，均是用数值模拟的方法揭示大气—植物—土壤之间的关系及环境对作物生长、发育的影响，并通过可控因子（施肥、灌溉）来调节作物的生长、发育的进程，在特定的气候条件下，预测作物的产量。因此，这些模型为研究作物生长发育的动态变化规律以及环境、栽培技术对作物生长发育的影响提供了有用的工具。作物模拟模型的研制表明了农业科学开始进入计算机信息时代。由作物模拟模型构造的农业决策支持系统可解决农业决策过程中的半结构化问题。

农业专家系统是模拟农业专家解决某领域专门问题的程序系统，是让计算机模拟人脑从事推理、规划、设计、思考和学习等思维活动，解决专家才能解决的复杂问题。农业专家系统的研制晚于作物模拟模型，到 20 世纪 70 年代末期才相继出现，有美国依利诺易大学的 R. S. Michalski 等人推出的 PLANT/ds（大豆病害诊断专家系统），A. G. Boulanger 等人的 PLANT/cd（预测玉米黑地老虎危害的专家系统），美国弗吉尼亚工学院 J. W. Roach 等人的 POMME（农业害虫和果树管理专家系统）。80 年代中期，美国 Hal. Lemmon 推出了 COMAX 棉花生产管理专家系统，日本千叶大学园艺部开发了番茄病害诊断专家系统 MICCS。因为专家系统所处理的问题一般是解决定性的带有经验性的问题，所以由农业专家系统所构筑的农业决策支持系统主要解决的是决策过程中的非结构问题。80 年代末起，农业决策支持系统引起了世界发达国家的关注，有的以作物模拟模型为基础，有的从专家系统出发研制所在领域的农业决策支持系统。到 90 年代初期，农业决策支持系统又有了进一步的发展，形成了以知识库系统或以专家系统支持的智能化的农业决策支持系统。近年来，随着地理信息系统（GIS，Geographic Information System）的广泛应用，农业决策支持系统的研制向更深层次的方向发展。这些决策支持系统的涌现促进了农业现代化的发展。

经数据采集环节预处理后的数据，在此系统进行主要处理。空间分析是地理信息系统（GIS）的基本功能，但 GIS 难以很好地描述空间信息的时空分布模式，缺乏空间模拟和模型分析功能。因此，GIS 只能提供辅助决策中过程支持，不能提供实质性决策方案，难于求解比较复杂的、结构化较差的空间问题，而普通的决策支持系统又不具有空间数据的处理能力。GIS 与决策支持系统结合起来，形成了空间决策支持系统，这些存储在 GIS 中的信息数据经由作物生产管理辅助决策支持系统——数据库管理系统（DBS）、决策支持系统（DSS）综合了农业知识专家库管理系统（ES）、模拟系统（SS），最终生成具有针对性优化了的投入决策及对策图，即进行时、空、量、质全方位的田间管理实施处方图，以供后备环节使用。

农业信息决策系统存在着决策层次的问题。农业决策支持系统有的面向高层领导决策部门，有的面向中层管理部门，有的面向基层生产部门，无论面向那个决策层次的农业决策支持系统，其任务均是为各层次的农业策略的制定和科学管理起到辅助决策的作用。针对农业中、基层管理的农业决策支持系统一般可分为田间尺度、农场尺度和区域尺度 3 种类型。

7.1.1　田间尺度

田间尺度的农业决策支持系统，是在作物模拟模型的基础上研究田间单一作物状态，通过灌溉和施肥的决策，预测在不同气候和土壤条件下作物的生长、发育和产量。这类系统一般不考虑田间作业的制约和种植制度，而偏重于农作物生产管理的决策。美国 IBSNAT 所推出的农业技术转移决策支持系统（DSSAT）就属于这种系统。该系统主要由数据库管理系统、作物模拟模型和应用程序组成。数据库管理系统包含了作物模拟模型所需要的 4 种类型的资料：管理资料（灌溉、肥料）、逐日天气资料、土壤特性资料和田间测定的作物生长信息。作物模拟模型描述了外界环境条件对作物光合、蒸腾作用以及光合产物的输送、转化等一系列的物理和化学过程的影响。模型以 5 个过程来描述对作物生产力的影响：①品种的遗传特性及天气条件对作物发育过程的影响；②叶片、茎秆和根系的生长；③生物量的累积和分配；④土壤水分平衡和作物可利用的水分；⑤氮素的输送和分配。系统中的作物模拟模型有 CERES、SOYBEAN 等。应用程序包括了天气发生器（Weather Generator）等。

这类决策支持系统能帮助决策者和粮食贸易商估价作物的产量，为制定粮食进出口贸易决策提供依据。同时，可针对不同年景为农民采取相应的栽培管理措施提供科学的决策。

7.1.2　农场尺度

农场尺度的农业决策支持系统是分析农场的复杂情况、帮助农场管理者制订计划、合理安排劳动力以及农场资源的组合配置等作出科学决策的辅助工具。在农场管理决策支持系统中不仅要考虑作物生产管理的决策，还需考虑田间作业劳动力的需求、农业机械的类型、耕作制度和农场各田块间的相互作用等。美国 Florida 大学农业工程系 H. Lal 等人研制的农场机械管理决策支持系统 FARMSYS（Farm Machinery Management Decision Support System）就属于这种系统。

该系统中的农场知识包含有农场的总面积、种植面积、作物类型、品种名称、田块数量、土壤类型、肥料类型、灌溉需求、劳动力、农机具名称、拖拉机的型号、作业名称、开始和完成时间以及生产费用等信息。这些知识用 PROLOG 语言中的谓词表示。FARMSYS 系统由信息管理系统、作业模拟系统、专家系统和产量评估系统 4 部分组成。信息管理系统是 FARMSYS 的智能前端，它收集了农场、作物、田块、机械、劳力、其他能源和与作物相联系的不同作业的信息。信息管理系统具有信息的修改、增加、删除等功能。作业模拟系统的功能是模拟田间作业，以日为时间步长对农场所有田块的整个生长季进行模拟，并产生 3 种报告：工作报告、不工作报告和摘要报告。作业模拟系统由 2 种知识构成：农场或区域知识、模拟过程的知识。农场或区域知识包括天气、土壤水分特性、不同土壤条件下各种作物生长所需求的灌溉量、每天田间作业的工作时数等，这些知识是以 PROLOG 数据库的方式存储的。

模拟过程的知识是用 PROLOG 的谓词和子句所写的执行实际模拟的知识。专家系统的作用是帮助用户改善农场的作业，评价农场资源利用率及作业模拟系统的分析报告等。产量评估系统的作用是利用 IBSNAT 所提供的作物模拟模型，如 CERES-WHEAT，SOYABEAN，PEANUT 等对作物产量进行评估。FARMSYS 系统能对各种资源的组合进行测试，诸如农业机械的能力、作物配置、不同气候年景下作物管理的策略和劳力资源的安排。此外，它也能估计整个农场或个别田块的作物产量、毛收益和净利等。因此，它是农场主们制订生产计划和农场管理的一个辅助决策工具。D. E. Kline 等人研制了农场级智能决策支持系统（FINDS），系统将线性规划模型与知识库专家系统相结合，推荐农场机械管理的最佳选择和实施机械作业的计划。在农业决策支持系统中，人工智能技术是用来组织、显示和控制模拟系统状态的知识，并分析模拟的结果，向用户作出管理的推荐。

7.1.3 区域尺度

GIS 是 20 世纪 60 年代发展起来的地理学研究的新技术，是地理学、系统学、信息科学和计算机科学相结合的产物。GIS 是以地理空间数据库为基础，以地图为信息载体，采用地理学模型分析地表事物之间规律性的、动态的空间关系的计算机系统。由于 GIS 具有空间分析和数学规划最优的功能，并对区域自然资源的管理、评价和决策起到重要的作用。所以，近年来国际上的农业决策支持系统的研制逐渐转向与 GIS 相结合，构筑区域尺度的农业决策支持系统。水土保持计划包括土地利用、作物管理、水土保持结构、对策选择等。系统涉及的因子有土地利用、地形、土壤类型、社会和经济等。系统由地理信息系统（GIS），水文、土壤侵蚀模型（ANSWERS）和专家系统（ES）组成。这里的 GIS 是专门为水文模型和土壤侵蚀评价而设计的，ANSWERS 模型是预测流域外径流和沉积物浓度以及盆地内土壤侵蚀和沉积物空间分布的模型，对水文过程是采用有限差分模式和流体力学方程来描述的。ES 专家系统由知识库、事实库和推理机组成，并采用反向链的推理策略。ES 的知识库贮存着格式化的水土保持知识、水土保持实施选择的规则等。整个系统是用多种语言混合编程，其中 GIS 和系统的界面是用

QUICKBASICV4.5编写的，ANSWERS模型和ES专家系统分别用FORTRAN语言和Tur-
boPrologV2.0编写的，系统能在IBM或兼容机上运行。遥感（RS）技术的发展，为区
域自然资源和农作物生长实时信息的获取提供了一种先进的手段，加强了区域的农业管
理、资源的合理利用和决策分析的能力。台湾逢甲大学地理资讯系统研究中心周天颖等
人将GIS、RS和DSSAT3.0相结合，研制了农业土地使用决策支持系统。他们针对现阶
段台中水稻种植区农业灌溉用水严重不足的状况，应用农业环境地理信息系统
（AEGIS/Win）建立了一个集成式的土地管理的空间信息数据库，并利用CERES-RICE
作物生长发育的模拟模型，评估台中稻作区在不同灌溉管理策略下的潜在生产力及土地
使用的适宜性。分析结果表明，当农业面临灌溉水缺乏时，建议在砂页岩非石灰性新冲
渍土地区采用营养生长期自动灌溉方式继续维持稻作生产；在砂页岩非石灰性新冲渍土
及红积母质红壤土地区，则依赖于自然降水的方式继续维持稻作生产；而在砂页岩老冲
渍土地区，则考虑休耕。因此，该区域决策支持系统避免了强制部分稻作区实行休耕。
目前，农业环境地理信息系统（AEGIS/Win）已成为区域农业管理和区域经济评价的
决策分析工具。

7.2 农业信息决策系统类型

7.2.1 GIS（地理信息系统）

GIS主要用于建立农田土地管理、土壤数据、自然条件、作物苗情、病虫草害发生
发展趋势、作物产量的空间分布等的空间信息数据库和进行空间信息的地理统计处理、
图形转换与表达等，支持空间辅助决策，为分析差异性和实施调控提供处方信息。在形
成农业空间信息地理图形时，采样密度、采样成本与信息处理的方法，如何能更准确反
映参数的空间分布，仍然是尚待深入研究的课题。

通过传感器、DGPS、RS或者监测系统定位采集的空间信息数据可随时输入GIS，
持久性数据可以一次性事先存入或者定期存入，专家及其他决策支持系统也可事先存入
GIS。对于空间与属性数据，GIS可以很方便地进行编辑、分析、查询、统计、制图、
显示与输出。

7.2.2 DSS（决策支持系统）

决策支持系统从多方案中优选或综合得出决策，是根据农业生产者和专家在长期生
产中获得的知识，建立作物栽培与经济分析模型、空间分析与时间序列模型、趋势分析
与预测模型和技术经济分析模型。决策支持系统DSS综合了专家系统ES（expert
system）和模拟系统SS（simulation system），因而能为精细农业的实施提供正确的决策
支持。然而，迄今进行的有关作物、模拟模型、农业专家系统及其集成技术的开发研
究，主要还是基于农田或农场尺度上的作物生产管理决策支持技术方面。

7.2.2.1 ES（专家系统）

专家系统由各知识模型组成，反映不同地区自然条件等作物栽培管理经验知识和具
有知识推理机制的专家知识库。如种植肥料管理的专家知识与田间经验，用来帮助确定
与调整施肥的次数、时间、用量、比例以及合理的肥料种类。信息服务知识库主要包
括：气象、土壤、播种、田间管理等农业生产知识与经验以及农业谚语等。

7.2.2.2 SS（模拟系统）

模拟系统由各数学模型组成的模型库、支持模型运算和数据处理的方法库、存储支持作物生产管理决策和模型运算必需的数据库组成。模型库包括土壤肥力水平的模糊综合评价模型、插值分析模型、叠加分析模型、相关分析模型、回归分析模型等，方法库包括确定目标产量的方法、确定施肥量的方法、确定施肥比例的方法与确定施肥时间的方法等。这些模型与方法分别由不同的程序模块实现，供整个系统在决策支持或进行计算分析时调用，以完成相应的功能。

7.2.3 信息服务决策咨询功能

信息服务决策咨询用于各系统的管理维护，为作物生产管理者参与制定决策提供知识咨询的人机接口。反映具有空间数据特性的农田小区作物产量和各种相关因素在农田内空间分布的图形信息库。其中包括总图、种植业区图、土壤类型图、给排水系统图等专题电子地图和相应的属性信息库。通过农田基本信息查询，用户可以了解田间土地利用情况、作物分布情况、地块面积等信息。用户可以根据空间信息查询其属性，也可以根据某一地块的属性值查询其空间位置。另外，用户还可以查询农作物肥料管理与栽培的知识、经验以及农业谚语等内容。

7.3 决策实施

农业生产决策过程所遇到的问题属于半结构化问题和非结构化问题。所谓的结构化程度是指对某一过程的环境和规律能否用明确的语言（数学的或逻辑学的，形式的或非形式的，定量的或推理的）给予清晰的说明或描述。如果能描述清楚的，称为结构化问题；不能描述清楚而只能凭直觉或经验做出判断的，称为非结构化问题；介于两者之间的，则称为半结构化问题。由配套农业设施设备（ICS 农机装备和 VRT 变量投入设备）组成调控实施系统，经 DGPS 的定位在田间管理处方图的指导下进行决策实施。

7.3.1 ICS（智能控制农业机械系统）

智能控制农业机械系统（ICS）首先必须利用 DGPS 技术实现精确定位，然后必须根据田间处方图生成的智能控制软件，针对农田小区存在的差异自动执行分布式投入决策。作物产量是许多因素综合影响形成的结果和评价种植管理水平的基础。可带产量图自动生成的谷物收获机，在谷物流量自动传感过程中，还可同时测量净粮含水量，在小区产量分布图基础上结合定位处方投入的成本分析直接显示小区经济效益分布图。实施按处方图进行农田投入调控的智能化农业机械，如安装有 DGPS 定位系统及处方图读入装置的，可自动选择作物品种、可按处方图调节播量和播深的谷物精密播种机；可自动选择调控两种化肥配比的自动定位施肥机和自控喷药机；可分别控制喷水量的定位喷灌机均已有商品化产品，并在继续完善。拖拉机驾驶室已安装智能化显示器，在一个LED 显示屏上，可随意调用各种图形化可视界面，监控机器各部分的工况，显示处方作业和导航信息。

7.3.2 实施过程

实施过程可描述为：收获时带 DGPS 和产量传感器的联合收获机每秒自动采集田间定位及对应小区平均产量数据，在整个生产过程中可以不断记录下几乎每平方米面积的各种信息，获得农田小区内不同地块的作物产量分布，将这些数据输入计算机的 GIS，可获得小区产量分布图，分析小区作物产量分布的差异程度。对影响作物生产的各项因素进行测定和分析，结合决策支持系统，并在决策者的参与下，确定产量分布不均匀的原因，并制订相应的措施，生成作物管理处方图和田间投入处方图。根据田间地形、地貌、土壤肥力、虫害、病害、杂草等参数的空间数据分布图，生成相应农业机械的智能控制软件。根据按需投入的原则实施分布式投入，包括控制耕整机械、播种机械、施肥机械、植保机械等实施变量投入。再次收获时，再按上述过程，并根据产量分布图，分析农田小区总产量是否提高，小区内作物产量差异是否减小，然后制订新的田间投入处方图。如此经过几次反馈循环，即可达到精细种植的目的。

7.4 定位精度

定位精度（positional accuracy）是空间实体位置信息（通常为坐标）与其真实位置之间的接近程度。GPS 的误差主要来自 4 个方面：卫星部分的误差，主要是卫星星历误差、卫星钟误差和设备误差；信号在空间传播的误差；用户接收机的误差；人为的误差。为了尽可能地消除上述误差，提高定位精度，现在采用一种 DGPS（differential global positioning system），即差分 GPS。DGPS 有两种主要形式，一种是实时差分技术，另一种是后处理差分技术。实时差分技术是在已知准确地理位置的基站设置一个 GPS 接收机，该接收机接收到 GPS 信号后，计算基站测量位置，将此测量位置与已知的准确位置的偏差量作为校正信号，通过电台发送到在田间流动作业的 GPS 接收机（称为用户机），用户机即可根据接收到的 GPS 信号和校正信号通过计算输出比较精确的定位数据。后处理差分技术是放在基站的 GPS 接收机和在田间工作的用户机各自独立接收 GPS 信号，同时存储记录下来，事后根据时序和校正信号进行校正定位。实时差分和事后差分技术都必须控制在与基站相距一定距离的范围内。用于农田测量、定位信息采集和与智能化农业机械配套的 DGPS 产品。这类产品通常均具有 12 个可选择的卫星信号接收通道、动态条件下每秒能自动提供一个三维定位数据，动态定位精度一般可达分米和米级，并具有与计算机和农机智能监控装置的通用标准接口。如美国 Trimble 公司 AG13212 通道 GPS 接收机，提供可靠的分米级定位和 0.16 km/h 的速度测量精度。为了保证作业的精确性，需要建立相应的专题电子地图和广域/局域 GPS 差分服务网。

随着信息技术和网络技术的发展，国际上的农业决策支持系统除继续在农业信息决策支持系统，农业生产管理决策支持系统和农业智能决策支持系统方面进一步的发展外，已向群决策支持系统和网络决策支持系统发展。群决策支持系统是将同一领域不同方面或相关领域的各个决策支持系统集成起来，形成一个功能更全面的决策支持系统。而网络决策支持系统亦称为分布式决策支持系统，它把一个决策任务分解成若干个子任务，分布在网络的各个节点上完成。

因此，在不久的将来，农业决策支持系统将成为农业可持续发展中必不可少的辅助决策工具。农业信息化是未来农业的发展方向之一，而农业决策支持系统又是其重要的组成部分，农业生产宏观决策支持系统在未来农业的发展中一定会起到越来越重要的作用。

第3篇：应用篇

——让热区插上科技的"翅膀"

当今，世界热带农业正处于从传统农业向现代农业转变的过渡阶段，科学技术推动了转变的进程，对当代热带农业的发展有着重要作用。

农业科技是一种重要的战略资源，大力推动农业信息化，利用信息技术改造传统农业，对于推动农业科技创新和促进科技服务"三农"具有十分重要的作用。农业的出路在于现代化，农业现代化关键在科技进步。农业供给侧结构性改革是当前和今后一个时期我国农业农村工作的主线。2017 年年初，农业部《关于推进农业供给侧结构性改革的实施意见》指出，推进农业供给侧结构性改革，是当前的紧迫任务，是农业农村经济工作的主线，要围绕这一主线稳定粮食生产、推进结构调整、推进绿色发展、推进创新驱动、推进农村改革，实现优化供给、提质增效、农民增收。

从开创引领第一次绿色革命的水稻矮化育种到优质稻、超级稻育种，从动植物疫病防控、农产品质量安全、无公害蔬菜生产技术到畜禽营养、健康养殖技术，从华南蔬菜、岭南水果育种与栽培技术到粮油果蔬食品、蚕桑综合利用、名优茶加工技术，热科院坚持以科技创新服务"三农"，致力构建院地企联动、覆盖农业全产业链的科技服务体系，加快科技成果转化，推动农业产业转型升级，以提供更健康、更优质、更丰盈的农产品来满足人民日益增长的美好生活需要。

作为中国基础产业的农业，从 20 世纪 90 年代初就开始探索适合中国国情的农业信息技术服务发展模式。深化产业融合、发展农产品加工业、大力推动农业园区化、培育一批现代农业公园、搭建电子商务平台、推进农业大数据综合服务平台建设……如今的我国热带农业逐渐走上规模化、标准化、品牌化、信息化的道路，正成为带动农民增收致富的优势产业。随着产业融合的提速，农业园区化的推进，"互联网+农业"的普及，热带的农业正变得越来越有现代范儿。三产融合提速，农民致富路更宽阔。

海南是中国最大的热带地区，也是全国以农业为主的经济特区，农业人口占全省人口的 75% 左右。尽管海南农业与过去相比有了长足的进步，但由于历史和现实的原因，受环境、资金投入和农业科技进步等因素的影响，海南农业的薄弱环节依然存在，自1988 年建省办经济特区以来，海南始终坚持把热带农业放在国民经济的首位，实施科教兴农和可持续发展战略，打好"名特优、季节差、无公害"三张牌，大力发展"订单农业""科技农业""绿色农业"。

热带农业的出路就是实施数字农业战略，以科技市场信息兴农。海南省政府更是加大对农业科技市场信息技术的投资力度，使信息技术在海南农业中的应用得到明显提高，海南省农业信息化发展软硬环境不断改善，信息化建设取得了明显的进展。

8 热带作物产业化物联网应用示范

自 2015 年以来，一系列文件的出台都在为农业物联网的快速发展打下良好基础。2015 年"中央一号"文件提出，创新农产品流通方式，支持电商、物流、商贸、金融等企业参与涉农电子商务平台建设，《农业科技发展"十二五"规划》《关于加快推进农业科技创新持续增强农产品供给保障能力的若干意见》等文件的出台都极大地促进了农业物联网的发展。

当前，随着物联网技术的不断发展，其应用领域也不断扩展。农业物联网作为物联网技术的重要发展方向之一，对农业生产的革新起到了至关重要的作用。虽然这几年农业物联网发展的比较快，呈现多点开花的局面，但是农业物联网还是遇到了不少挑战。一是行业不足，技术创新体系不完善，缺乏龙头骨干企业规模化应用；规模化应用不足；物联网信息安全隐患。二是农业生产效率低。三是农产品单位价值低。四是农业面临更复杂的环境。因此，稳定、准确、持续、自动、低成本、低功耗、简单、易用、易维护成为农业物联网的发展需求。热科院物联网具体应用示范如下：

在温室大棚物联网中，对大棚内土壤湿度、温度、光照度、二氧化碳浓度等指标进行测量，然后经过模型分析，自动调控温室环境、控制灌溉、施肥等作业，使农作物获得最佳的生长条件，建立基于物联网技术的温室大棚农业管理新模式。

在设施农业物联网中，香草兰、咖啡等多种设施农作物种植采用自主研发传感器，可获取高可靠、低成本农业资源环境和作物生长动态信息获取，通过多种网络覆盖，实时监控农田生产环境。并针对监控的水位和土壤湿度数据，实现大田的自动灌溉。

在冷链物流物联网提供适应生鲜农产品储运特点的一体化物联网解决方案。围绕生鲜农产品冷藏供应链的特性，建设融智慧仓储、全息物流、自动计费等功能于一体的现代农产品冷链物流管理系统。

最广为认知的咖啡、可可、胡椒、香草兰是热带作物民用消费的代表作物，产业化发展的链条从种子、育苗、培育、成品、产业化加工、科普、旅游等多位一体，兼顾科研、种植、技术服务、产业化等多重功能，通过物联网、信息化技术的提升，不仅实现了作物的培育、生产精细化、数字化管理，同时可以很好地展示四大作物科研及产业化成果，这对于推广四大作物品种及种植技术、产业化发展都具有重要的引导示范作用。

8.1 基地建设情况

2002 年以来，我国热区建设了天然橡胶、胡椒、火龙果等特色热作在内的热作良种繁育基地 34 个，热作标准化示范基地 30 个，建设良种繁育基地 1 万多亩，热作标准化生产示范基地10万多亩。但是基地建设存在农田水利设施建设严重滞后，普遍缺水缺肥，抗御自然灾害能力弱，严重制约了热带作物基地规模化、标准化建设和基地综合生产能力的提高。

在咖啡种植区布置视频监控（球机），主要采集的生产信息包括空气温湿度、光照度、土壤温湿度、土壤pH值、土壤电导率、CO_2浓度；灌溉自动化采用电磁阀智能管控视频监控（枪机）。

可可生产及园区环境信息采集主要包括空气温湿度、光照度、土壤温湿度、土壤pH值、土壤电导率、CO_2浓度、O_2浓度。

在胡椒种植区布置视频监控（球机），生产及园区环境信息主要采集空气温湿度、光照度、土壤温湿度、土壤pH值、土壤电导率、CO_2浓度、O_2浓度。

在香草兰种植区布置视频监控（球机），主要采集的生产信息包括空气温湿度、光照度、土壤温湿度、CO_2浓度、大气压力，实现生产环境智能控制。

在咖啡合作区布置视频监控（枪机），采用水肥一体化—电磁阀智能管控。

8.2 解决方案

8.2.1 基础改造

热科院基地改造以生态农业为基础，以市场为导向，运用生态学、生态经济学原理和系统工程方法，以科学技术作支撑，以经济利益为中心，发展高产、高效、低耗、无污染无公害的花果蔬菜、经济作物。加大科技支农力度，调整和优化农业经济结构，创建农业生产示范基地，坚持走可持续发展的道路，改善生产条件、保护生态环境，进行生态农业综合开发，将农业的产前、产中、产后各环节结成完整的产业链条，进行产业化经营，实现农业生产和农民收入持续稳定增长，达到生态、经济和社会三大效益的有机统一，使之成为融农业综合开发、生产经营等功能于一体的生态科技农业物联网示范应用园。在原有设施的基础上，具体改造措施如下。

（1）在中非咖啡文化馆选择一个安装视频的点。

（2）在香草兰（综合楼旁）选择一个安装视频的点，选择一个安装信息采集的点。

（3）在可可（综合楼旁）选择一个安装视频的点，选择一个信息采集点。

（4）在胡椒氧吧区选择一个安装视频的点，选择一个安装信息采集的点，选择一个控制箱安装点。

（5）在中线咖啡区选择一个安装视频的点，选择一个安装信息采集的点，选择两个控制箱安装点。

（6）进行用电改造，将220V交流电引至上述所有选择的点。

（7）网络改造，园区已有网络条件，引网至上述需要安装视频的位置。

（8）在中线咖啡区安装视频预埋件，在预埋件基础上安装高清网络枪机。

（9）在中线咖啡区进行电磁阀改造，并且安装智能控制箱。

（10）在香草兰（综合楼旁）安装视频预埋件，在预埋件基础上安装高清网络球机。

（11）在香草兰（综合楼旁）安装信息采集箱，采集的信息指标包含空气温湿度、光照度、土壤温湿度、CO_2 浓度、大气压力。

（12）在香草兰（综合楼旁）进行电磁阀改造，并且将电磁阀的控制线拉到目前的控制箱旁边。

（13）在香草兰（综合楼旁）安装智能控制箱，用于接管各个改造的电磁阀，实现智能控制。

（14）在可可（综合楼旁）安装视频预埋件，在预埋件基础上安装高清网络枪机。

（15）在可可（综合楼旁）安装信息采集箱，在预埋件基础上安装信息采集箱，采集的信息指标包含空气温湿度、光照度、土壤温湿度、CO_2 浓度、大气压力。

（16）在胡椒氧吧区安装视频预埋件，在预埋件基础上安装高清网络球机。

（17）在胡椒氧吧区安装采集点预埋件，在预埋件基础上安装采集点，采集的指标包含空气温湿度、光照度、土壤温湿度、土壤 pH 值、土壤电导率、CO_2 浓度、O_2 浓度。

（18）在胡椒氧吧区进行电磁阀改造，并且安装智能控制箱。

（19）在中线咖啡区安装视频预埋件，在预埋件基础上安装高清网络球机。

（20）在中线咖啡区安装采集点预埋件，在预埋件基础上安装采集点，采集的指标包含空气温湿度、光照度、土壤温湿度、土壤 pH 值、土壤电导率、CO_2 浓度。

各种植区详见图 8-1 至 8-4。

图 8-1　胡椒种植区

图 8-2　咖啡种植区

图 8-3　可可种植区

图 8-4　香草兰种植区

8.2.2　基地信息采集系统

结合目前已有的基地物联网项目，及大田"四情"监测系统数据，并深入生产企业，了解生产需求，结合农作物测土配方系统的数据，搭建热带作物种植基地物联网监测与生产管理平台。平台实现对基地作物的四情监测功能，对农业企业生产管理的信息化管理功能，对土壤测土配方的推送服务。系统充分利用大数据平台的信息共享性，物联网技术的可控性，GIS 技术的展示效果，将基地物联网生产管理平台真正服务于农企，为政府提供最直接的生产指导依据。系统的功能描述如下。

（1）"四情"监测。在基地作物种植的相应区域，通过布局的环境数据监测前端设备，其中作物环境及生长因子实时在线采集的数据包括空气环境（空气温度、空气湿度、降水量、太阳辐射量、风速、风向）、土壤环境（土壤温度、土壤湿度）。可实时采集传感设备数据，农田环境及作物生长数据主要通过自动化设备进行连续采集，减少人工投入和人工采集造成的误差（图 8-5、图 8-6）。

墒情监测：采集农作物种植生产环境信息，包括土壤水分/盐分、土壤温湿度、空

图 8-5　室外观测站

图 8-6　系统界面

气温/湿度、降水量、风速/风向等诸多环境信息，对接测土配方系统数据，可利用的土肥信息包括氮、磷、钾等微量元素，为农业科学生产提供依据。

苗情监测：可定时采集作物、植物生长发育状态和各类生物在自然状态下的动态、病虫害活动的图片，并将采集的图片自动上传到远程物联网监控服务平台，实现监测人员的远程物候观测。

灾情监测：用户通过视频系统可以清晰直观地实时远程查看种植区作物的生长及病虫害情况，并对突发性异常事件的过程进行及时监视和记忆；同时系统可以查询所在地的气候灾害预报预警。

虫情监测系统：通过搭建智能虫情监测设备，可以无公害诱捕杀虫，绿色环保，定时采集现场图像，自动上传到远端的物联网平台。

（2）数据分析。用曲线图形展示实时采集的传感器数据，对有异常数据进行报警提醒，同时可按时间段、月度、年底查询传感器采集的历史数据，并以曲线形式展示。利用人工及自动化采集设备采集的苗情信息，形成农情报表并与历史资料对比进行农情分析（图8-7）。

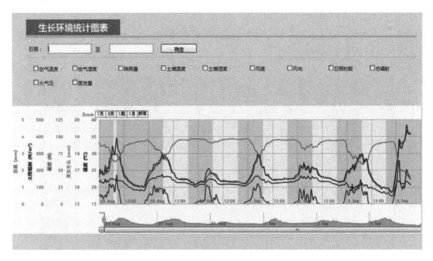

图8-7 数据分析界面

（3）农情预警。系统会实时收集传感器采集的数据，将基地作物目前的长势及所处的生长环境与其相适应的环境进行对比，对不适宜的环境信息进行预警，并发送应采取的农业指导措施，使农民可以实时了解和解决农业生产上的一些问题。

（4）农害管理。利用四情管理平台结合移动终端，帮助使用者对农作物病虫害状况进行管理，融害虫诱捕和计数、环境信息采集、数据传输、数据分析于一体，实现了害虫的定向诱集、分类统计、实时报传、远程监测、虫害预警的自动化、智能化等。

（5）数据查询。可查看基地的实时种植数据信息，包括大田编号、种植品种、空气温湿度、光照度、土壤温湿度、日照时间等情况，可通过选择大田的名称、种植的品种等进行数据查询筛选。

（6）种植分析。针对基地种植环境数据，物联网将对这些数据进行智能分析，负责对采集的数据进行存储和信息处理，为用户提供分析和决策依据，用户可随时随地通过电脑和手机等终端进行查询。

（7）远程专家诊断。通过远程专家系统，可以查看大田种植环境数据、视频图像信息，经过专家的远程诊断分析，对基地种植生产的环境调节进行指导，并通过视频图像诊断大田种植的长势情况及病虫害情况并提供生产建议。

8.2.3 基地灌溉系统

水肥一体化技术是将灌溉与施肥融为一体的农业新技术。水肥一体化是借助压力系统（或地形自然落差），按土壤养分含量和作物种类的需肥规律和特点，将可溶性固体或液体肥料配兑成的肥液与灌溉水一起，通过可控管道系统供水、供肥，使水肥相融后，通过管道和滴头形成滴灌、均匀、定时、定量，浸润作物根系发育生长区域，使主要根系土壤始终保持疏松和适宜的含水量，同时根据不同作物的需肥特点、土壤环境和养分含量状况，作物不同生长期需水、需肥规律情况进行不同生育期的需求设计，把水分、养分定时定量，按比例直接提供给作物。

该系统有省工省力、降低湿度、减轻病害、增产高效的作用（图8-8）。用户可根据栽培作物品种、生育期、种植面积等参数，对灌溉量、施肥量以及灌溉的时间进行设置，形成一个水肥灌溉模型。结合通过叶室、叶片温度传感器、茎秆微变化传感器、果实微变化传感器、小型气象站采集的数据和历史数据，实现水肥的自动控制灌溉。同时利用物联网技术实时监控灌溉效果。

图8-8 基地灌溉系统效果

8.2.4 基地视频监控系统

视频监控系统是指安装摄像机通过同轴视频电缆将图像传输到控制主机，实时得到植物生长信息，在监控中心或异地互联网上即可随时看到作物的生长情况。该系统接入现有基地农业物联网系统的视频数据，其他本地视频监控终端设在种植区域本地终端监控室，通过球机实现自动抓拍或手动拍摄，实现对作物图像的监测。后期通过摄像头的添加，系统还可以支持视频监控、多田视频、图像监控。视频监控通过查询可查看每一个监测点的视频，多田视频通过查询可查看多个监测点的视频，图像监控可查看固定间隔采集的各个监测点的图片，实现了对苗情的远程监控和诊断管理（图8-9）。该系统有以下功能。

图8-9 视频监控系统在作物上的应用

（1）高清视频图像采集。关于摄像机的部署位置，通常建议办公区出入口、外大门出入口、操作区、外围周边等是理想的监控位置，在设计安装位置时也需要考虑方便取电、可采用POE供电以及避开重要的隐私区域。

网络高清摄像机视频监控图像质量达到720 p（1280×720）/1080 P（1920×1080），可以获取更多图像中的关键信息。采用低码率2/4 Mbps传输，能够降低传输带宽和录像存储的成本。

（2）高清视频显示功能。视频信号既可以通过NVR本地接显示器观看，也可以通过PC机上预装的客户端显示，采用网络高清摄像机可提高实时监控画面的清晰度，提升视频监控的效果。

（3）高清视频存储与共享。该系统采用NVR做本地存储，可以设置录像计划、录像规则（包括连续录像、移动侦测录像、报警联动录像）等。授权用户可从客户端上远程回放和下载录像资料，根据系统分配的不同权限，各保安室享有对各监控点图像不同的浏览和控制权限。

（4）远程监控管理。通过视频监控网络，授权用户能通过局域网或外网远程监控任意监控点图像。授权用户可通过客户端软件或者 IE 浏览器实现远程预览现场图像、回放或者下载录像资料、配置系统参数等所有管理控制功能。

（5）多级权限分配管理。通过 NVR 本地菜单或客户端本地软件等可以添加和删除用户，并可对各级用户的控制权进行优先处理。根据系统分配的不同权限，各级用户享有对监控点图像不同的浏览或者控制权限。

8.3 经济效益

8.3.1 提升生产效率和企业竞争力

农业物联网实现了生产管理的远程化、自动化以及智能物流运输，生产管理和流通过程更加快速、高效，提高了单位时间的生产效率。同时，还实现了生产管理的精准化，提高了单位面积、空间或单位要素投入的产出比率，即提高了投入产出效率。

在推进信息化与工业化融合的过程中，应用物联网技术改造传统产业主要表现在产品设计与研发的信息化、生产设备与生产过程的自动化与智能化、物流与供应链管理的信息化、技术在工业生产过程中的应用与工业生产的全过程中。物联网可以将传统工业化产品的设计、供应链、生产、销售、物流与售后服务融为一体，最大限度地提升企业的产品设计、生产与销售能力，提高产品质量与经济效益，最终提高企业的核心竞争力。

8.3.2 循环流转成本降低

循环流转成本主要指物流成本、交易成本和代理成本。借由农业物联网技术，农产品具有了身份标识，其生产、管理、交换、加工、流通和销售等各环节的产品信息实现无缝对接，可以实现农产品的自动归类、分拣、装卸、上架、跟踪以及自动购买结算等，降低了物流成本。不仅如此，农业物联网技术的应用还实现了农业各循环流转环节的远程化、数字化和智能化，使得农产品信息发布和对接更加便利，甚至可以实现农业生产与电子商务的直接对接，既为减少其循环流转环节提供了重要契机，也为降低循环环节中信息的不对称性提供了有力保障，从而为农产品交易成本、代理成本的降低提供了较大空间。

8.3.3 能源资源的成本节约

过去基于感性经验的农业生产和管理方式，能源资源浪费较为普遍，农业灌溉、施肥、用药、喂食过度等行为产生了能源资源的浪费问题，增加了能源资源投入成本。物联网技术的应用使精准化农业生产管理方式得以实现，能源资源投入成本得以节约。智能存储技术也为流通环节的能源节约提供了巨大空间；而生产管理的远程化和智能化减少了农业从业者到达现场的必要性，为降低基于人的实体流动而产生的能源资源消耗提供了条件。

8.3.4 农产品经济附加值的增加

农业物联网技术下，农业生产和管理精确可控，肥料和农药、饲料添加剂等用量精确科学可控，其残留率可得到有效控制。智能储存技术在流通环节为农产品的保鲜和防腐提供了技术支撑，而食品安全溯源技术为农产品安全的全程溯源提供技术保障，从而使农产品质量安全得到保障，经济附加值得到提高。

8.3.5 带动农业物联网技术设备及相关产业经济发展

农业物联网技术除了提升农业产业自身的发展外，还可以带动其相关物联网技术设备和软件产业的发展。

物联网作为一种集成创新类的技术，它预示着计算机与网络技术将会在更多的领域有更深层次的应用，预示着信息技术将会在人类社会发展中发挥更为重要的作用。物联网的出现标志着计算机网络技术与电信传输网技术、计算机技术与各个行业、计算机技术内部各种技术之间更深层次的交叉融合。物联网的发展将会给计算机网络与信息安全技术提出更多富有挑战性的研究课题，创造更加广阔的发展空间，为形成更多的原始创新提供了推动力。物联网将伴随着新的应用系统的出现而发展。物联网的发展必然要形成一个完整的产业链，并能够提供更多的就业机会。由物联网应用带动的集成电路与嵌入式系统的设计制造、软件、网络与通信、信息安全产业与现代信息服务业的发展，形成一个上万亿元规模的高科技市场，创造更多的就业机会。

9 热带大棚设施物联网应用示范

热带大棚主要是避雨大棚、降温大棚，主要用于种质资源保护、育苗、花卉生产、经济作物生产等，通过物联网信息化精细化管控，摸索解决生产中的降温、降湿等难题，对提升热带设施生产标准化具有重大意义。

热带大棚物联网管理系统包括大棚环境在线监测、大棚环境智能控制、大棚视频监控、大棚生产管理 APP 等子系统。

大棚环境在线监测子系统由环境传感器（空气温湿度、土壤水分/温度、光照度、CO_2 浓度等）、数据采集器和物联网节点等部分组成（图 9-1），可实时监测棚内的空气温湿度、土壤水分/温度、光照度、CO_2 浓度等环境参数。这些环境参数可以在本地

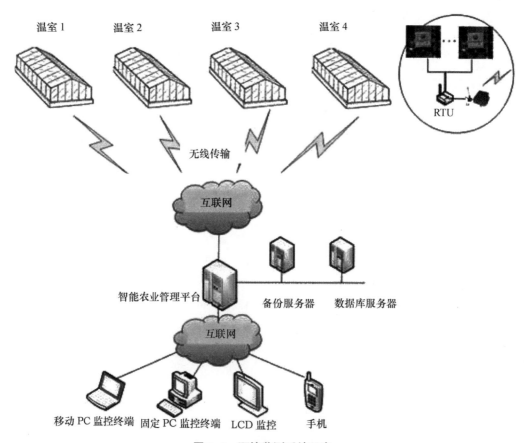

图 9-1 环境监测系统示意

进行显示，同时经过无线通信系统传输到数据库中。用户通过手机或电脑访问温室环境在线监测软件，就可以随时查看温室内的环境信息，还可以对各个参数进行曲线分析、数据汇总、数据查询与导出 Excel 表格等操作。

大棚环境智能控制子系统由控制主机、扩展模块、DTU 和辅助配电系统等组成，它根据温室内的空气温湿度、土壤水分/温度、光照度、CO_2 浓度等环境参数，自动控制遮阳帘、风机、湿帘水泵、灌溉电磁阀等设备，以调节棚内的环境处于适宜作物生长的范围内。同时，大棚环境智能控制子系统通过无线通信系统与综合管理平台保持信息交互，用户使用手机或电脑即可远程遥控温室内的环控设备，并可以通过触摸屏或远程设置控制阈值（图 9-2）。

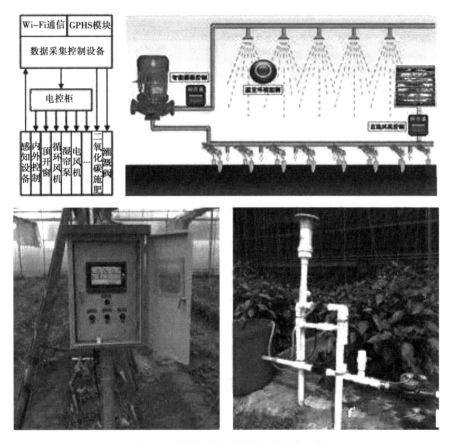

图 9-2　大棚环境智能控制子系统示意

大棚视频监控是作为数据信息的有效补充，基于网络技术和视频信号传输技术，对大棚内部作物生长状况进行全天候视频监控。该系统由网络型视频服务器、高分辨率摄像头组成，网络型视频服务器主要用以提供视频信号的转换和传输，并实现远程的网络视频服务。在已有 Internet 上，只要能够上网就可以根据用户权限进行远程的图像访问、实现多点、在线、便捷的监测方式。

在棚内部、棚之间根据需要布置摄像头，实现对设施大棚生产及温室区域安防进行监控。所有图像和控制信号都在管理控制中心集中显示和控制。显示系统配备液晶显示器，进行集中控制与显示。系统集成了多画面处理显示、视频运动检测、图像压缩编码/恢复解码、数字录像/即时回放、影像资料管理、资料备份/还原、云台/镜头控制、视频服务等多种功能。

大棚生产管理 App 是基于智能手机开发的软件系统，用来记录温室生产作业信息，包括基础信息管理、育苗信息管理、种植信息管理等。用户在进行日常生产作业时，通过手机把作业信息输入后台数据库，形成一条生产记录，以方便管理和追溯查询。该软件还支持用户在关键农事节点发布视频、解说和文字，以动态展现种植过程，透明化生产。该软件可以根据园区温室生产规程进行定制开发（图 9-3）。

以儋州八队成品生产大棚为示范应用，智能环境管控主要针对高温期的降温需求作为重点研究内容，设施包括循环风机、内遮阳、风机、水帘、照明、喷灌、外遮阳等。

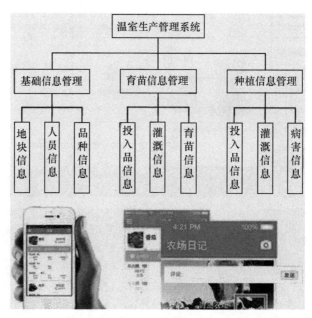

图 9-3　温室大棚 APP 示意

9.1　基地建设情况

在花卉成品生产设施标准化种植基地，主要采集的生产信息包括：空气温湿度、光照度、CO_2 浓度、土壤水分、果实生长速率、植物茎秆直径变化、植物茎流、叶面温度。实现生产环境智能控制。

在中药种质保护基地，布置视频监控（球机），主要采集的生产信息包括空气温湿度、光照度、CO_2 浓度、土壤水分、果实生长速率、植物茎秆直径变化、植物茎流、叶面温度。

9.2　解决方案

9.2.1　基础改造

在种植准备阶段在温室里布置很多的传感器，分析实时的土壤信息，以选择合适的农作物。

在种植和培育阶段，可以用物联网的技术手段采集温度、湿度的信息，进行高效的管理，从而应对环境的变化。比如说通过采集设备、天气是否降温，对温室管理状况进行及时处理（图9-4）。

在农产品的收获阶段，同样可以利用物联网的信息技术，把传输阶段、使用阶段的各种性能进行采集，反馈到前端，从而在种植收获阶段进行更精准的测算。

在儋州八队的具体应用如下（图9-4，图9-5）。

图 9-4　成品生产棚图示

图 9-5　南药生长图示

（1）在成品圃新建大棚中选两个安装视频的点。

（2）在成品圃新建大棚中选四个安装信息采集的点。

（3）将220 V交流电引到视频安装点和信息采集点。

（4）在网络入口安装无线AP，将无线信号覆盖成品圃新建大棚。

（5）在成品圃新建大棚中安装无线AP，用于接收网络入口AP的无线信号。

（6）在成品圃新建大棚中安装高清网络枪机。

（7）在成品圃新建大棚中安装信息采集点，采集的指标包含空气温湿度、光照度、土壤温湿度、CO_2浓度、土壤pH值、土壤电导率、果实生长速率、植物茎秆直径变化、植物茎流、叶面温度。

（8）在成品圃新建大棚中之前的控制箱旁边安装智能控制箱，用于接管之前的设备控制，实现远程智能控制。

（9）在南药园选择一个安装视频的点、两个信息采集点。

（10）在南药园网络入口处安装无线AP，用于覆盖视频的安装点。

（11）在南药园视频安装点安装无线AP，用于接收网络入口的无线AP信号。

（12）将220 V电源引到信息采集点。

（13）在南药园选择位置安装信息采集点，采集的指标包含空气温湿度、光照度、土壤温湿度、CO_2浓度、土壤pH值、土壤电导率、果实生长速率、植物茎秆直径变化、植物茎流、叶面温度。

（14）将220 V电源引到视频安装点。

（15）在南药园视频安装点安装高清网络球机。

9.2.2 温室大棚智能温控系统

大棚自动化设备包含的种类很多，如自动控温、自动调整光照、自动播种、自动施肥、自动浇水、自动除草、自动除虫、自动收获。

一般应用比较多的类型是自动控温、自动调整光照、自动浇水。温室的种类多，依不同的屋架材料、采光材料、外形及加温条件等又可分为很多种类（图9-6）。

图9-6　大棚不同类型效果

在农业园区实现自动信息检测与控制，通过配备无线传感器节点、太阳能供电系统、信息采集和信息路由设备、配备无线传感传输系统，每隔基点配制无线传感节点，每隔无线传感节点可监测土壤水分、土壤温度、空气温度、空气湿度、光照度、植物养分含量等参数。其他参数也可以选配，如土壤的 pH 值、电导率等。信息收集负责接收无线传感汇聚节点发来的数据、存储、显示和数据管理，实现所有基地测试点信息的获取、管理、动态显示和分析处理，以直观的图标和曲线分析的方式显示给用户，并根据种植作物的需求提供各种声光报警信息和预警信息。

9.2.2.1 系统架构

整个系统主要由三大部分组成：数据采集部分、数据传输部分、数据管理中心部分（图 9-7）。

（1）数据管理层（监控中心）。硬件主要包括工作站电脑、服务器（电信、移动或联通固定 IP 专线或者动态 IP 域名方式）；软件主要包括：操作系统软件、数据中心软件、数据库软件、温室大棚智能监控系统软件平台（采用 B/S 结构，可以支持在广域网进行浏览查看）、防火墙软件。

（2）数据传输层（数据通信网络）。采用移动公司的 GPRS 网络传输数据，系统无须布线，构建简单、快捷、稳定；移动 GPRS 无线组网模式具有数据传输速率高、信号覆盖范围广、实时性强、安全性高、运行成本低、维护成本低等特点。

（3）数据采集层（温室硬件设备）。远程监控设备：远程监控终端；传感器和控制设备：温湿度传感器、CO_2 传感器、光照传感器、土壤湿度传感器、喷灌电磁阀、风机、遮阳幕等。

9.2.2.2 系统功能

（1）数据监测功能。监测各温室温湿度、CO_2 浓度、光照度等参数；监测各温室喷灌电磁阀、风机、遮阳幕的工作状态；监测各温室报警信息（图 9-7）。

（2）远程控制功能。远程控制各温室喷灌电磁阀、风机、遮阳幕的启停工作；远程切换各温室喷灌电磁阀、风机、遮阳幕的控制模式。

（3）报警功能。温室温湿度、CO_2 浓度、光照度超过预设值报警；市电停电、开箱报警。

（4）数据存储。定时存储各种监测数据；记录事件报警信息及当时监测数据；记录各种操作信息及当时监测数据。

（5）信息查询。可以进行所有监测信息查询；可以进行所有事件报警信息查询；可以进行所有操作信息查询。

（6）数据报表。将监测数据、报警数据生成报表，数据可以导出，支持打印输出。

（7）人机界面。所有温室实时监测数据在同一界面上显示，可以同屏显示多个温室数据，也可以切换成单个温室数据显示。

（8）曲线数据。自动生成各温室的温湿度、CO_2 浓度、光照度的历史曲线，可以查看历史数据库中任意温室、任意时段的历史曲线。历史曲线即可分列显示，也可并列显示，方便比较不同温室环境状态。

（9）权限管理。对不同的操作使用者授予不同的使用权限。

（10）扩展。可以任意增加、减少所监控的温室；可以增加、修改、删除软件功能

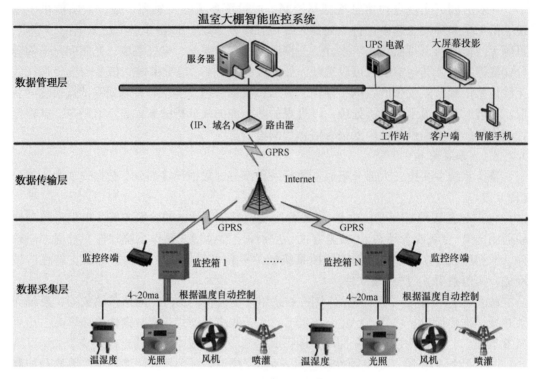

图 9-7 温室大棚智能监控系统拓扑图

模块；预留与其他系统的通信接口。

9.3 经济效益

智能温室大棚作为现今农业的高级类型，拥有综合环境控制系统，可以科学保障农作物全年高产，经济效益好。智能温室大棚的应用既节约了土地，又可以将空间立体利用，能够带来双向效益。

9.3.1 大棚设施能提升生产效率

大棚设施建设更加重视科技要素的投入，加上管理者良好的经营管理以及劳动者素质的提高，可以最大化提高产出。

大棚智能控制系统注重于节省劳动力，提高大棚生产的效率和技术水平，实现温度、湿度的测量记录、滴灌等设备的自动化控制，实现农机和农艺的有机结合。从而大幅度提高温室生产的技术水平，协助推进设施农业向精品、高端、高效方向发展。

9.3.2 节约能源

大棚设施能合理利用土地资源、最大化提高单位面积土地利用率。智能温室大棚的发电组件在大棚的上部空间，不占用任何土地面积，对耕地没有任何影响，节约了土地资源。温室大棚控制系统可以准确采集温度、湿度、土壤含水量、光照度、雨雪天气、风速等参数，并将室内温、光、水、气等诸多因素综合直接协调到最佳状态。据计算，温室大棚控制系统可根据作物动态监控技术定时定量供给水分，可通过滴灌、微灌等一系列新型灌溉技术使水的消耗量减少到最低程度，并能获取尽可能高的产量。可有效节水、节肥、节药，使整体能耗降低 15%~50%，具有明显的经济和环境效益。同时，使农作物的物质营养得到合理利用，保证了农产品的产量和质量。

9.3.3 作物多样化

温室大棚控制系统对室温生产环境的改善，可以使得一些在此前的耕作条件下较难种植的作物得以生长，并为新品种作物的培育提供更好的条件，这有利于推广高附加值的经济作物，提升单位面积的农业经济产值，增加农户的收入。

10 橡胶育苗及立体种植物联网应用示范

橡胶是热带经济作物的代表，特别是近些年的林下经济研究——立体栽培技术已初显成效，其成果必将提升橡胶产业经济价值的有益推动；针对橡胶研究的前端技术：育苗、立体种植作为本次物联网研究热带作物栽培技术的应用示范。

我国是全球最大的橡胶消费国，而自给率只占20%左右。曾几何时，国际专家把北纬17度线以北视为橡胶生长的"禁区"，也就是说我国广东、云南、广西等大部分区域种不了橡胶。经过几十年的苦苦探寻，如今我们不仅打破了"禁区"神话，而且将橡胶种植延伸至北纬22度线，这意味着从北纬22度线向南都可以种橡胶。天然橡胶与石油、钢铁、煤炭并列为四大工业原料和战略物资，60%的天然橡胶用来制造轮胎。但受自然条件限制，仅海南、云南、广东局部地区可种植，长期供给量不足20%。新中国成立初期的世界格局要求我国必须种出自己的橡胶树。随着种植经验的积累，人们对橡胶树的生物学习性和热带北缘地区的环境特点有更深的了解，也认识到台风和寒害是发展橡胶的主要障碍。发展至今，抗台风和抗寒害还一直是我国橡胶育苗的主要选育指标。

立体农业，又称层状农业，就是利用光、热、水、肥、气等资源，同时利用各种农作物在生育过程中的时间差和空间差，在地面地下、水面水下、空中以及前方后方同时或交互进行生产，通过合理组装，粗细配套，组成各种类型的多功能、多层次、多途径的高产优质生产系统，来获得最大经济效益。

立体农业又是传统农业和现代农业科技相结合的新发展，是传统农业精华的优化组合。具体地说，立体农业是多种相互协调、相互联系的农业生物（植物、动物、微生物）种群，在空间、时间和功能上的多层次综合利用的优化高效农业结构。

开发立体农业、发挥其独特作用，可以充分挖掘土地、光能、水源、热量等自然资源的潜力，提高人工辅助能的利用率和利用效率，缓解人地矛盾，缓解粮食与经济作物、蔬菜、果树、饲料等相互争地的矛盾，提高资源利用率，可以充分利用空间和时间，通过间作、套作、混作等立体种养、混养等立体模式，较大幅度提高单位面积的物质产量，从而缓解食物供需矛盾；同时，提高化肥、农药等人工辅助能的利用率，缓解残留化肥、农药等对土壤环境、水环境的压力，坚持环境与发展"双赢"，建立经济与环境融合观。

在现代化的温室里，一按电钮，喷灌系统就可以自走喷洒水分；全自动燃油热风机的配备，让橡胶苗拥有温暖的环境；仔苗芽节技术可以把抗冻的砧穗和高产高品质的小型绿色芽条结合在一起。目前比较成功的胶园立体栽培模式是"林—胶—茶"，其他的还有"林—胶—椒""林—胶—咖""林—胶—巴（戟）"和"林—胶—益（智）"等。

10.1 基地建设情况

目前，热科院为发展胶园立体栽培（图10-1），普遍推行的胶树种植形式是，在小于10°的缓坡地，采用行距15 m、丛距4.4 m，丛内株距1.2～1.4 m，每亩10丛、40株的宽行密丛的种植形式。育苗基地棚内设施如下：1号苗圃48 m×48 m，棚内设施包括内遮阳、顶棚（开关、正反转），8组电磁阀，灌溉水泵；2号苗圃64 m×40 m，棚内设施包括侧遮阳、外遮阳、8拱顶窗、水泵、8路电磁阀喷灌。

图10-1 橡胶种植区及立体种植示范

立体栽培的林下经济区，种植的产业化与交叉种植作物选择、林间生产环境休戚相关，因此将就此做重点应用研究。目前林下作物分别有辣木、木豆、南芪、可可、咖啡、肉桂等，进行最佳林下经济种植模式探索。

在儋州育苗基地，布置了视频监控（枪机），主要采集的生产信息包括空气温湿度、光照度、CO_2 浓度、土壤水分、果实生长速率、植物茎秆直径变化、植物茎流、叶面温度，实现生产环境智能控制。

在儋州立体种植区域，主要采集林下环境信息：3 层次有效位置的有效光照条件研究，空气温湿度、光照度、土壤水分、土壤酸碱度、土壤电导率。

10.2 解决方案

10.2.1 基础改造

（1）在两个育苗大棚中各选一个安装视频的点。

（2）在基地网络入口处进行路由器升级同时安装无线 AP 用于覆盖两个育苗大棚的无线网络。

（3）在两个育苗大棚中安装无线 AP，用于接收网络入口的无线 AP 信号。

（4）在两个育苗大棚中安装高清网络枪机。

（5）在两个育苗大棚中各安装一套信息采集点，采集的指标包含空气温湿度、光照度、土壤水分、CO_2 浓度、土壤 pH 值；另外各安装一套植物生理指标采集点，采集的指标包含果实生长速率、植物茎秆直径变化、植物茎流、叶面温度。

（6）对两个育苗大棚进行电磁阀改造，将电磁阀的控制信号线统一拉到控制箱的安装位置。

（7）在两个育苗大棚中电磁阀信号线位置安装智能控制箱。

（8）在林下经济区选择 6 个点，用于安装无线太阳能信息采集点。

（9）在选择的点，安装采集点预埋件。

（10）在预埋件基础上安装信息采集点，采集的信息包含空气温湿度、光照度、土壤水分。

（11）在采集点上方安装太阳能板。

（12）将蓄电池通过地埋的方式埋入地中。

10.2.2 育苗大棚信息采集系统

该系统采用商庆健等研究的基于专家控制系统的育苗大棚成果，以 STC15F2K60S2 系列单片机为核心处理器，采用包括总线拓扑结构、GSM 短信报警、触屏监控、专家控制系统和网络远程监控等技术手段进行设计。

（1）工作原理。该系统主要由 3 个部分组成：育苗专家系统（A），监控系统操作平台（B），单片机测控系统（C），工作原理如图 10-2 所示。

首先采集模块对实时大棚环境参数进行采集，然后将采集的数据传输给控制模块，控制模块将数据分别传递到上位机和触屏模块，数据传输到监控系统操作平台后对数据进行显示和处理，而后将数据传递到育苗专家控制系统，作为专家控制系统的决策依据，经过专家控制系统的一系列推断，将调控目标传递给监控平台。同时用户也可在监控平台上手动控制，手动对执行机构进行操作。

数据传输到触控模块后，在液晶屏上进行显示，同时可以点击屏幕对执行机构进行控制。监控操作平台发布 Web 服务器，使用户可以远程访问服务器，输入管理员账号密码进入系统远程监控大棚，实现了在任何一个有网络的地方都可以实时监控大棚信息。用户在监控操作平台设定报警线，当环境参数在规定调控时间内仍未到理想状态，GSM 模块向用户发送报警短信。

（2）系统总体框架（图 10-3）。育苗大棚中间部位安装采集模块，模块外部分布环境温湿度、土壤温湿度、光照度和 CO_2 浓度等传感器，内部装有数据采集板。控制室装有配电箱，箱门上装有一个 7 寸液晶触控屏和一个自动/手动选择开关。配电箱内部装有控制模块、12 路继电器模块和二次设备。大棚内部结构如图 10-4 所示。

（3）采集模块。数据采集是计算机与外部物理世界连接的桥梁。数据采集模块由传感器、控制器等其他单元组成。数据采集卡、数据采集模块、数据采集仪表等都是数据采集工具。数据采集模块是基于远程数据采集模块平台的通信模块，它将通信芯片、存储芯片等集成在一块电路板上，使其具有通过远程数据采集模块平台收发短消息、语音通话、数据传输等功能。远程数据采集模块可以实现普通远程数据采集模块手机的主要通信功能，也可以说是一个"精简版"的手机。电脑、单片机、ARM 可以通过 RS232 串口与远程数据采集模块相连，通过 AT 指令控制模块实现各种语音和数据通信功能。

采集信息模块的主要作用是将育苗大棚内部的环境温湿度、土壤温湿度、光照度和 CO_2 浓度等参数进行采集，将采集后的数据打包处理传入控制模块，由于大型的育苗大棚里面分为多个独立区域，采用多机通信方式对不同区域通信，将控制模块作为传感器组成部分。处理器芯片采用 STC 公司生产的 STC15F2K60S2 系列单片机，该型号单片机是高速、高可靠、低功耗和超强抗干扰的新一代 8051 单片机，具有 2 组高速异步串行通信端口，6 个定时器和计数器。信息采集模块设计如图 10-5 所示。

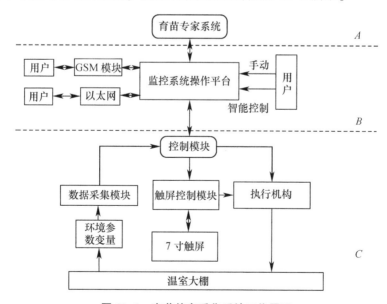

图 10-2 育苗信息采集系统工作原理

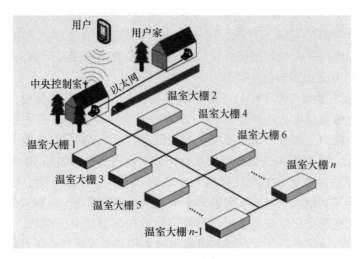

图 10-3　系统总体架构

图 10-4　橡胶育苗大棚示意

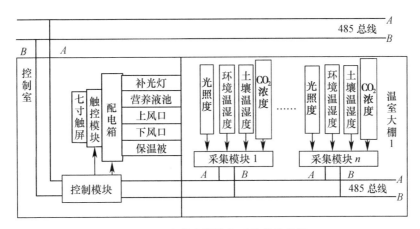

图 10-5　育苗大棚信息采集模块设计

10.2.3　育苗大棚智能控制系统

农业大棚温室智能监控系统可以模拟基本的生态环境因子，如温度、湿度、光照度、CO_2 浓度等，以适应不同生物生长繁育的需要，它由智能控制单元组成，按照预设参数，精确地测量温室的气候、土壤参数等，并利用手动、自动两种方式启动或关闭不同的执行结构（喷灌、湿帘水泵及风机、通风系统等），程序所需的数据都是通过各类传感器实时采集的。

10.2.3.1　系统组成

该系统由以下三部分组成。

（1）数据管理层（监控中心）。硬件主要包括工作站电脑、服务器（电信、移动或联通固定 IP 专线或者动态 IP 域名方式）；软件主要包括操作系统软件、数据中心软件、数据库软件、温室大棚智能监控系统软件平台（采用 B/S 结构，可以支持在广域网进行浏览查看）、防火墙软件。

（2）数据传输层（数据通信网络）。采用移动公司的 GPRS 网络或 490 MHz 传输数据，系统无须布线，构建简单、快捷、稳定；移动 GPRS 无线组网模式具有数据传输速率高、信号覆盖范围广、实时性强、安全性高、运行成本低、维护成本低等特点。

（3）数据控制层（温室硬件设备）。远程监控设备：远程监控终端；传感器和控制设备：温湿度传感器、CO_2 传感器、光照传感器、土壤湿度传感器、喷灌电磁阀、风机、遮阳幕等。

10.2.3.2　系统功能

（1）数据监测功能。监测各温室温湿度、CO_2 浓度、光照度等参数；监测各温室喷灌电磁阀、风机、遮阳幕的工作状态；监测各温室报警信息。

（2）远程控制功能。远程控制各温室喷灌电磁阀、风机、遮阳幕的启停工作；远程切换各温室喷灌电磁阀、风机、遮阳幕的控制模式。

（3）报警功能。温室温湿度、CO_2 浓度、光照度超过预设值告警；市电停电、开箱告警。

（4）数据存储。定时存储各种监测数据；记录事件报警信息导出，支持打印输出。

（5）人机界面。所有大棚实时监测数据在同一界面上显示，可以同屏显示多个大棚数据，也可以切换成单个温室数据显示。

（6）曲线数据。自动生成各温室的温湿度、CO_2浓度、光照度的历史曲线，可以查看历史数据库中任意温室、任意时段的历史曲线；历史曲线即可分列显示，也可并列显示，方便比较不同温室环境状态。

（7）权限管理。对不同的操作使用者授予不同的使用权限。

（8）信息查询。可以进行所有监测信息查询；可以进行所有事件报警信息查询；可以进行所有操作信息查询。

（9）数据报表。将监测数据、报警数据生成报表，数据可以任意增加、减少。

（10）扩展。任意增加、减少所控制的大棚；可以增加、修改、删除软件功能模块；预留与其他系统的通讯接口。

10.2.4 育苗大棚视频系统

农产品生产监控视频化网络化是全球农产品工业化中被广泛采用的手段，是农产品生产监管的趋势。在发达国家农产品工业化的地方，无一例外地都采用了对农作物进行实时有效的监控，同时通过网络对作物的疾病、发展、各方面进行广泛的交流（图10-6）。

图10-6 视频设备部分功能

作物大棚数字视频监控以其直观性及易于操作、便于管理和直接通过互联网远程监控的特性，成为大棚作物生产商可视信息管理系统的重要组成部分。作物大棚数字视频监控系统是基于网络平台的有关果蔬大棚安防、生产管理的视频数据的管理系统，它是传统视频监控系统在功能上的延伸和扩展，在通讯手段上的升级和进步，是未来农业数字化管理的发展方向。

10.2.4.1 系统功能

（1）网上直播。通过IE或客户端直接打开实时音频及视频图像，控制云台转动、镜头缩放等。

（2）设备管理。包括网络视频服务器、云台解码器的配置管理等。

（3）用户管理。包括系统管理员、一般用户等，可设置用户可以看见的视频路数及控制云台镜头的权限。

（4）监控中心管理。对作物大棚的案件资料输入、用户权限、公开/不公开等设置。

（5）录像管理。可按要求设置计划录像或手动录像。

（6）录像回放。可对录像资料进行查询、回放等。

（7）手机监控。在智能手机中安装专用客户端，即可实现"随时看"（图10-7）。

图10-7　手机随时看

10.2.4.2　系统设计

（1）前端设计。监控前端设备主要由网络摄像机（摄像机和视频服务器组成）、电源等组成，考虑到晚上无光情况下也能看清，本方案采用红外高速球，夜视距离一般能达到60 m。又由于大棚内水汽较重，故需要高速球带有加热功能。安装时可直接吊装或壁装在金属棚架上。

（2）监控中心（中心机房）设计。监控中心是整个数字视频监控系统的核心，需对前端各个监控点进行实时视频监视及录像，既要实现视频信号的记录，同时也要实现视频监看及视频存储，并进行流媒体转发，以便多个用户同时访问一个摄像机。因此，需给此中心配置大型管理软件。大中型网络视频监控管理平台软件是专门针对大中型网络环境下分散监控场所不同种类数字图像设备、安防报警设备集中监控管理的专用平台软件，是一种全数字化、基于网络和高度集中管理的第三代安防管理平台软件（图10-8，图10-9）。

图10-8　监控设备安装示意

图 10-9 监控中心设计效果图

中心的硬件设备主要包括录像服务器、流媒体转发服务器、监控主机、操作台、电视墙、UPS 等。

（3）系统供电及传输系统。该系统采用分布式集中供电：所有前端设备的供电均引自相关的配电箱中的低压电源；所有配电箱中的变压/整流设备或电源、控制室设备均由中央控制室稳压电源 220 VAC 供电，以保证所有设备的稳定供电。传输系统虽看似简单，在整个系统中却起着至关重要的作用，对于信号的传输速率、传输品质、传输稳定性、抗干扰能力都有很大的影响。并且，传输线路一旦做好，进行维修或改造是相当麻烦的。因此，在线路的材质上，要坚持选用品质优良，符合国家规范的线材、管材；并严格按照有关国家规范进行施工，以保证传输的质量。同时在敷设时留下一定数量的备用部分，以满足系统扩充前端设备或维修时不影响原系统正常使用的要求。

本系统前端摄像机采用的是网络高速球摄像机，故传输的是数字信号，抗干扰能力较强。信号传输利用防水型超五类网线及六类网线，在整个区域内分作几个小区域，对若干摄像机信号集中后再送到监控中心。

10.2.5 橡胶苗品种识别与信息追溯系统设计

随着无线电技术的快速发展，RFID 技术在农业上的应用已备受关注。目前，基于 RFID 技术建立起来的物联网技术已广泛应用在食品安全追溯系统，实现了对农产品的生产、运输、储存和销售的流动监控。另一方面，农业高新技术的发展使农产品种植逐步进入信息化时代。定期对农产品的生长环境和生长特性进行信息采集，可以有效地利用水肥资源，提高农产品的产量和质量，促进现代化农业的可持续发展。RFID 技术具有信息处理速度快、成本低和可靠性高等优势。可以用来标识每一棵橡胶幼苗。通过阅读器快速进行识别，计算机便可从共享数据库获取对应胶苗品种分类、产地、特性、生长信息、适宜环境参数和仔苗芽接时间等信息。通过这些数据，胶农能掌握胶苗基本特性情况，有针对性地对胶苗进行种植，合理安排水肥资源供给与温湿度调整等，从而提高胶苗成活率。

（1）总体架构。橡胶苗品种识别与信息追溯系统，涉及的环节主要有育苗信息收录阶段、品种识别与信息查询阶段。RFID 电子标签标识的各项品种信息都是在培育阶段收录统计的。系统基于先进的 RFID 技术，结合 Visual Basic NET 程序设计、Access 数据库技术，构建了一个橡胶育苗信息共享平台，实现橡胶苗品种识别、品种维护和品种特性信息查询等。首先，完成对各电子标签的编码；编码完成后，将电子标签有序地贴到对应的橡胶苗上；控制管理系统通过相应软件建立编码信息和数据库的映射关系。在育苗阶段，通过其他手段将各项数据（如橡胶苗的种子来源、种植环境的基本参数、橡胶苗芽接情况、生长取样数和图像记录等）下载至数据库，并经统计整理后存入相应的标签编码指定的集合中。由此，育苗阶段利用 RFID 技术完成了对橡胶苗的标识，并通过数据库完成电子标签对应信息的整理。这样，每一个带有标签的橡胶苗的数据都可以通过识别标签中的编码信息到对应的共享数据库进行查询。胶农购买到橡胶苗时，只需通过 RFID 阅读器进行扫描，便可得到品种分类、产地、品种特性和育苗阶段取样采集的生长情况等基本信息，从而根据这些信息确定自己的树苗是否适合种植。

（2）橡胶苗品种识别条码实现。根据橡胶苗的实际信息，可以对不同品种不同产地的橡胶苗进行编码，结合国际编码标准。可以设计查询条码。条码信息是 RFID 阅读器从电子标签中读取并转换出来的，用户可以通过该条码到共享数据库查询相关信息。具体过程如下：①阅读器获取橡胶苗上的电子标签信息。②系统对获取的数据进行验证与判断，确定数据的合理性。③系统将获取到的二进制编码信息进行转换，生成品种识别条码。④通过条码，系统自动检索数据库信息，并判断数据是否有效，如为有效数据，则生成相应的图表信息。供用户查阅。

（3）品种信息查询实现。胶苗采购者通过电子标签识别，并且转换出来的条形码可以对橡胶苗的信息进行跟踪查询。在实际应用中，用户登录到系统的管理界面，只需将获取到的橡胶苗条形码输入系统，即可查询该品种的特性及整个培育过程中的取样信息，数据信息能直观地通过表格和图像的形式显示出来，做到因地制宜进行种植，从而完成了橡胶苗品种信息的追溯。

10.3　经济效益

10.3.1　生产效率提升

橡胶育苗及立体种植物联网应用示范实现了橡胶种植生产管理的远程化、自动化以及智能化，生产管理和流通过程更加快速、高效，提高了单位时间的生产效率。培育的品种具备胶木兼优的特性，成龄后干胶产量高，经济寿命长，让当地胶农及橡胶种植合作社种苗类别的选择、叶芽的筛选、排带的形式等方面都有了明显改善，提高了出圃率，缩短了培育出圃周期，进而提高了种植成活率。同时，还实现了生产管理的精准化，提高了单位面积、空间或单位要素投入的产出比率，即提高了投入产出效率。

10.3.2　能源有效利用，减少种植成本

橡胶育苗及立体种植物联网示范应用能有效改善橡胶种植园的物理性状，有利于保水保肥；提高土壤肥力水平，加快系统的养分循环，使橡胶种植区及林下作物土壤化学营养元素活性增加；改善周边生态气候因子，提高橡胶品质及林下作物经济收入。

10.3.3　提高了天然橡胶的生产管理水平

2014 年，我国橡胶种植面积已超过 1 700 万亩，产量愈 80 万吨，种植面积与产胶

量均居世界第四位，成为世界天然橡胶生产大国，并建立起了较为完善的天然橡胶产业体系。中国热带农业科学院成为基础科研和应用科学研究的核心机构，海南、云南、广东农垦也有自己的天然橡胶生产技术研发推广中心和推广体系。

2001 年海南农垦总局率先建立统一的交易市场——天然橡胶电子交易中心，实现了农垦天然橡胶交易电子化。云南农垦、广东农垦也相继建立天然橡胶电子交易中心，并在 2004 年实现了三地联网。我国约有 300 万橡胶从业人员，既是一个集经济效益、社会效益、生态效益和政治效益为一体的新型产业，又是一个能安排农村人口就业，促进边远贫困山区农民脱贫致富的生态环保型产业。立足高标准高质量，科学搞好规划，科学育苗，提高土地资源利用率。育苗基地严格按照国家标准和技术规范控制种苗生产的全过程，严格监控种子采集、播种规格、增殖圃管理、芽条采摘、袋装苗规格控制以及质量监控、出圃检验、病虫害检疫等环节，保证苗木质量达标并全面实现优良品种全覆盖，提高了天然橡胶的生产管理水平。

11 热带物联网现代标准示范园

党的十九大提出全面实施乡村振兴战略。农业是乡村的本业，实施乡村振兴战略必须以农业农村现代化为根基，让农业成为有奔头的产业。通过建设物联网现代标准示范园，推进园区一二三产业融合发展，延伸产业链条，拓展农业功能，观光农业、循环农业、体验农业、节水农业、"互联网+农业"等新型农业竞相发展。对传感器、视频、控制等信息的采集和传输标准进行统一，从而能更好地节约使用和维护成本，同时能更好地对物联网应用技术进行推广（图 11-1）。

图 11-1 物联网示意

目前，没有统一的管理机构可以管理物联网的发展，这可能会有麻烦。目前，工业互联网联盟（IIC）正在帮助像富士通、通用、IBM 这样的公司在"测试平台"环境中一起工作，看看它们的产品如何共同合作（IIC 由对象管理组创建，帮助标准化当今商业世界中使用的 Web 服务）。行业专家建议进一步采取这一步骤。随着物联网技术越来越强大，人们需要规范访问权、隐私权、所有权，以及保护公众和企业之间的所有法定权利。

没有采用标准的物联网的后果之一是许多设备都不是"即插即用"的。用户必须下载软件和驱动程序，使其与现有技术配合使用。如果人们真的希望使用该技术，那么就需要使其更容易使用。最简单的方法是创建开源技术和 API，物联网设备的发明人可以使用它们将产品与地球上数十亿个其他产品集成。如果这些项目使用相同的"语言"，将能够以他们和人们理解的方式进行交谈。这将使得客户和公司的生活和工作更加容易。因此，未来加快制定物联网行业标准，让其互联互通仍是政府与企业工作的重中之重。

11.1　基地建设情况

以文昌基地为标准示范园建设区，对农业生产物联网应用方向——设施标准化生产物联网应用、水肥一体化灌溉智能管控、追溯系统进行综合建设，既作为物联网标准示范应用，又作为热带作物信息化生产的成果示范。

11.2　解决方案

11.2.1　基地改造

（1）椰子育苗区。建设 2 套生产数据监测，主要包括田间云终端设备、信息采集电气柜、田间工作站集成系统软件、空气温湿度传感器、CO_2 浓度传感器、光照度检测装置、土壤温湿度传感器、安装侧支架、百叶防护箱及地埋引管（地埋线管道）。

（2）油粽田间灌溉区。建设 1 套小型气象站设备：包括田间云终端，信息采集电气柜，田间工作站集成系统软件，风速、风向、空气温湿度、大气压、光照度、雨量、蒸发传感器，土壤温湿度、土壤 pH 值、土壤电导率传感器，并安装侧支架，百叶防护箱，地埋引管（地埋线管道）及地埋支架套件（地龙+预埋件）装置。

4 套生产数据监测：包括田间云终端，信息采集电气柜，田间工作站集成系统软件，传感器集线单元，空气温湿度、CO_2 浓度、光照度、土壤温湿度、土壤 pH 值、土壤电导率传感器，并安装百叶防护箱，地埋引管及安装地埋支架套件。

1 套监控视频：主要包括枪机摄像头及安装支架套件，网络球机及安装支架套件，视频交换机，工业无线 AP，视频集成设备及防火墙。

2 套远程灌溉控制：主要包括田间云终端，智控电气柜，智控集成系统软件，智能控制模块，电磁阀设备。

1 套泵房信息化改造，主要包括水肥一体化设备改造。

（3）四队生产大棚。建设 1 套生产数据监测：包括田间云终端，信息采集电气柜，田间工作站集成系统软件，传感器集线单元，空气温湿度、CO_2 浓度、光照度、土壤温湿度、土壤 pH 值、土壤电导率传感器，并安装百叶防护箱，地埋引管及安装地埋支架套件。

1 套监控视频：主要包括枪机摄像头及安装支架套件，网络球机及安装支架套件，视频交换机，工业无线 AP，视频集成设备及防火墙。

2 套远程灌溉控制：主要包括田间云终端设备，智控电气柜，智控集成系统软件，智能控制模块和电磁阀设备。

（4）大观园。建设 1 套小型气象站设备：包括田间云终端，信息采集电气柜，田间工作站集成系统软件，风速、风向、空气温湿度、降水量、光照度、蒸发传感器，土壤温湿度、土壤 pH 值 、土壤电导率传感器，并安装侧支架，百叶防护箱，地埋引管

（地埋线管道）及地埋支架套件（地龙+预埋件）装置。

1套生产数据监测：包括田间云终端，信息采集电气柜，田间工作站集成系统软件，传感器集线单元，空气温湿度、CO_2浓度、光照度、土壤温湿度、土壤pH值、土壤电导率传感器，并安装百叶防护箱，地埋引管及安装地埋支架套件。

1套监控视频：主要包括枪机摄像头及安装支架套件，网络球机及安装支架套件，视频交换机，工业无线AP，视频集成设备及防火墙。

11.2.2　水肥一体化灌溉智能管控

水肥一体化是借助压力系统（或地形自然落差），将可溶性固体或液体肥料，按土壤养分含量和作物种类的需肥规律和特点配兑成的肥液与灌溉水一起，通过可控管道系统供水、供肥，使水肥相融后，通过管道和滴头形成滴灌，均匀、定时、定量浸润作物根系发育生长区域，使主要根系土壤始终保持疏松和适宜的含水量，同时根据不同作物的需肥特点、土壤环境和养分含量状况，作物不同生长期需水、需肥规律情况进行不同生育期的需求设计，把水分、养分定时定量、按比例直接提供给作物，相比一般的水肥施用方法，水的利用率提高40%～60%，肥料利用率提高30%～50%，利于规模种植。

为贯彻落实中央一号文件、中央农村工作会议和全国农业工作会议精神，进一步做好农田节水技术集成、示范和推广工作，强化农田节水基础设施建设，全面提高农业用水生产效率，结合测土配方施肥项目的实施，以科技示范户和种田大户为纽带，树立典型，辐射带动，全面普及农田节水技术，实现节约用水和高产高效双重目标，促进农业可持续发展。为此，热科院积极开展水肥一体化技术示范、试验、推广工作。

11.2.2.1　系统介绍

水肥一体化是将灌溉与施肥相结合的一项综合技术，具有省肥、省水、省工、环保、高产、高效的突出优点。通过建立水肥一体智能管控，可减少或避免人为因素的影响。因为作物生长需要水肥供应，而水肥供应靠精准灌溉来实现，滴灌技术和自动控制技术是精准灌溉最有效的技术解决途径。灌溉自动化控制技术为作物生长提供了技术保证，也为自动控制技术提供了应用平台。灌溉自动化控制与智能化管理技术将使灌溉达到真正节水增产增效之目的。

水肥一体智能管控系统（图11-2）可根据作物各生长周期对水分的需求不同，设定灌溉的频率从而实现自动灌溉。也可以通过对水分和液体肥料流量的控制，实现自动定量、定时、按比例直接提供给作物。

建立水肥灌溉符合作物生长模型，对每次设置灌溉频率和作物生长情况进行统计对比分析，系统将根据统计对比结果自动筛选出最佳水肥灌溉频率和水肥配比。

11.2.2.2　系统架构

水肥一体化技术是借助微灌系统，在灌溉的同时将肥料配成肥液一起输送到农作物根部土壤，实现水和肥一体化施用和管理。智能水肥一体化是在简易的水肥一体化系统的基础上运用计算机技术，针对不同农作物的需水、需肥规律，以及土壤环境和养分含量状况，自动对水、肥进行检测、调配和供给，达到精确控制灌水量、施肥量和水肥施用时间（图11-3）。

11.2.2.3　系统特点

除具有简易的水肥一体化节水、节肥、省工、增产等优点外，智能水肥一体化在3

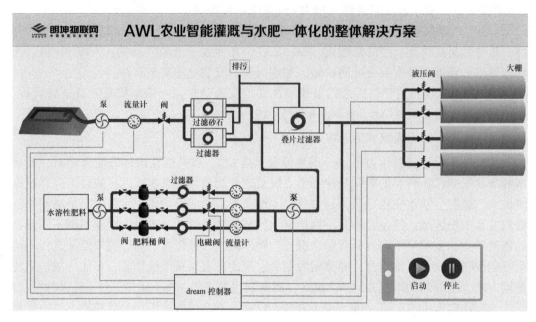

图 11-2　水肥一体化智控系统示意

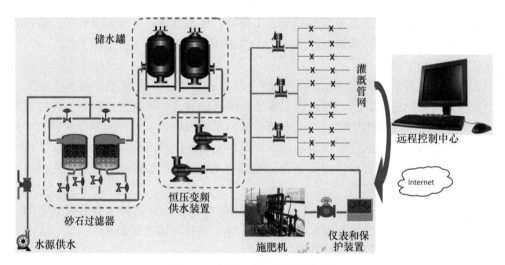

图 11-3　水肥一体化智控系统架构

个方面有较大的提升。其一，精准控制，自动检测调控 pH/EC 两大重要水、肥供应参数，精准调配肥料浓度，避免人工配制误差，从而进一步减少肥料和水的浪费，大大降低施肥造成的环境污染；其二，均匀供给肥水，解决了施肥空间和时间上的不一致性问题，保证作物生长一致性和产品的一致性，提高产品品质；其三，自动化控制，进一步节省人工成本，简易水肥一体化需要 3~5 个人，智能水肥一体化只需 1 人。有效解决了设施农业高度集约化、高施肥量、高复种指数等导致的土壤次生盐渍化、酸化、养分不平衡等诸多问题。

　　压力灌溉有喷灌和微灌等形式，目前常用形式是微灌与施肥的结合，且以滴灌、微喷与施肥的结合居多。微灌施肥系统由水源、首部枢纽、输配水管道、灌水器四部分组成。水源有河流、水库、机井、池塘等；首部枢纽包括电机、水泵、过滤器、施肥器、控制和量测设备、保护装置；输配水管道包括主、干、支、毛管道及管道控制阀门；灌水器包括滴头或喷头、滴灌带。

11.2.2.4 系统功能

智能水肥一体化系统主要由阀门、水表、水泵、自动反冲洗过滤系统、智能化施肥机、pH/EC 控制器、施肥罐、安全阀、电磁阀、田间管道系统等组成。该系统适合在已建成设施农业基地或符合建设微灌设施要求的地方应用，要有固定水源且水质良好，如水库、蓄水池、地下水、河渠水等。比较适合用于经济价值较高的蔬菜和果树等作物。

（1）水肥一体化滴灌。建立水肥一体化系统灌溉系统，并实时采集水中 pH、EC 等数值，及时分析调整配比，同时对各级管道压力实时采集，保证水压均匀。并可根据作物各生长周期对水分的需求不同，对灌溉的频率进行设置、修改和保存。与电磁阀门自动控制功能结合，从而实现自动灌溉。通过系统可根据作物各生长阶段对水分和肥料需求的设置，然后对每个支管压力传感采集数据实时计算各支管的轮灌水量，与电磁阀门自动控制功能结合，实现对水分和液体肥料电磁阀门控制到达水肥的自动配比。如图 11-4 所示。

图 11-4　自动灌溉示意

（2）运行参数设置及报警。根据作物的生长阶段，适时修正报警阈值。当系统监测到的环境参数（空气温湿度、土壤温度、土壤湿度）超过设置的阈值，需执行报警动作。系统需配置至少两名及以上报警联系人环境参数阈值设置，自动报警提醒，随时处置异常情况。

（3）运行状态监控功能。通过水泵电流和电压监测、出水口压力和流量监测、管网分干管流量和压力监测，给出不合理灌溉预警提示，及时通知系统维护人员，保障滴灌系统高效运行。系统通过对土壤温湿度传感器和视频设备数据采集、分析、展示，用户可对灌溉工作情况进行随时随地监控。如图 11-5 所示。

（4）系统设置功能。①实现对用户登录账户的管理设置。②实现对用户权限的设置，具体如用户对指定温室大棚的水肥控制权限。③大棚的信息管理设置。

图 11-5　水肥一体化智能控制监控系统示意

11.3　水肥一体化实施过程

水肥一体化是一项综合技术，涉及农田灌溉、作物栽培和土壤耕作等多方面，其主要技术要领须注意以下四方面。

11.3.1　滴灌系统

在设计方面，要根据地形、田块、单元、土壤质地、作物种植方式、水源特点等基本情况，设计管道系统的埋设深度、长度、灌区面积等。水肥一体化的灌水方式可采用管道灌溉、喷灌、微喷灌、泵加压滴灌、重力滴灌、渗灌、小管出流等。特别忌用大水漫灌，这容易造成氮素损失，同时也降低水分利用率。

11.3.2　施肥系统

在田间要设计为定量施肥，包括蓄水池和混肥池的位置、容量、出口、施肥管道、分配器阀门、水泵、肥泵等。

11.3.3　选择适宜肥料种类

可选液态或固态肥料，如氨水、尿素、硫铵、硝铵、磷酸一铵、磷酸二铵、氯化钾、硫酸钾、硝酸钾、硝酸钙、硫酸镁等肥料；固态以粉状或小块状为首选，要求水溶性强，含杂质少，一般不应该用颗粒状复合肥（包括中外产品）；如果用沼液或腐殖酸液肥，必须经过过滤，以免堵塞管道。

11.3.4　灌溉施肥的操作

（1）肥料溶解与混匀：施用液态肥料时不需要搅动或混合，一般固态肥料需要与水混合搅拌成液肥，必要时分离，避免出现沉淀等问题。

（2）施肥量控制：施肥时要掌握剂量，注入肥液的适宜浓度大约为灌溉流量的 0.1%。例如灌溉流量为 50 m^3/亩，注入肥液大约为 50 L/亩；过量施用可能会使作物致死以及环境污染。

（3）灌溉施肥的程序分 3 个阶段：第一阶段，选用不含肥的水湿润；第二阶段，施用肥料溶液灌溉；第三阶段，用不含肥的水清洗灌溉系统。

11.4　实施水肥一体化工程的重要意义

（1）有利于加快转变农业发展方式。统计数据显示，我国用 9% 的耕地、6% 的淡水资源生产出占世界 26% 的农产品，主要粮食作物水分生产效率只有发达国家的一半，我国缺水比缺地更严峻。全国化肥用量居世界首位,利用率低于发达国家 20% 以上,低效高耗,浪费严重。应用水肥一体化可节约用水 40% 以上,肥料利用率提高 20% 以上。

(2)有利于提高农业综合生产能力。应用水肥一体化,既充分满足了作物的水需求,又提供了全面高效的养分,大幅提高了单产。

(3)有利于提高农业抗旱减灾能力。我国每年旱灾发生面积 3 亿~4 亿亩,成灾 2 亿多亩,绝收近 5 000 万亩,因旱损失粮食 500 亿千克。应用水肥一体化可以节水 40%,以现有的农业灌溉水量可以扩大灌溉面积 3 亿~4 亿亩。

(4)有利于现代农业发展。发展水肥一体化为农业规模化经营提供了条件;灌水、施肥均匀,长相一致,商品性好;便于配备传感与控制设备,实现信息化自动化管理;大幅提高水、肥、地、人工效率。

(5)有利于农业生态安全。土壤湿润比只有 60%,病害减少 30% 以上,农药用量减少 25% 以上。少农残,更安全;水分和肥料集中分布在作物根层,避免深层渗漏,既生态又环保。

(6)让农民轻松体面地劳动,而不再像传统农业操作那样"面朝黄土背朝天"。

11.5 经济效益

11.5.1 改善生态环境

示范基地栽培采用水肥一体化技术,一是明显降低了棚内空气湿度。滴灌施肥与常规畦灌施肥相比,空气湿度可降低 8.5~15 个百分点。二是保持棚内温度。滴灌施肥比常规畦灌施肥减少了通风降湿而降低棚内温度的次数,棚内温度一般高 2~4℃,有利于作物生长。三是增强微生物活性。滴灌施肥与常规畦灌施肥技术相比地温可提高 2.7℃,有利于增强土壤微生物活性,促进作物对养分的吸收。四是有利于改善土壤物理性质。滴灌施肥克服了因灌溉造成的土壤板结,土壤容重降低,孔隙度增加。五是减少土壤养分淋失,减少地下水的污染。

11.5.2 节水省肥,提高生产效率

水肥一体化灌溉,直接把作物所需要的肥料随水均匀地输送到植株的根部,作物"细酌慢饮",大幅度地提高了肥料的利用率,可减少 50% 的肥料用量,用水量也只有沟灌的 30%~40%,保证水分、养分均衡供应每棵作物,从而省水省肥,降低农药用量,使农产品更加安全。

热带物联网标准示范园建设使农业生产中传感器、执行机构标准化、数据化,利用网关实现控制装置的网络化,从而达到现场组网方便、增加作物产量、改善品质、调节生长周期,提高经济效益。

11.5.3 增加产量,改善品质,提高经济效益

滴灌的工程投资(包括管路、施肥池、动力设备等)约为 1 000 元/亩,可以使用 5 年左右,每年节省的肥料和农药至少为 700 元,增产幅度可达 30% 以上。水肥一体化技术经济效益包括增产、改善品质获得效益和节省投入的效益。果园一般亩节省投入 300~400 元,增产增收 300~600 元;设施栽培一般亩节省投入 400~700 元,其中,节水电 85~130 元,节肥 130~250 元,节农药 80~100 元,节省劳力 150~200 元,增产增收 1 000~2 400 元。

12 热带果木水肥一体化示范基地

水肥一体化技术是将灌溉与施肥融为一体的农业新技术。将水肥一体化技术应用于热带果木种植，可以根据果木对养分需求，将果木迫切需要的有机营养通过配方化的方式供应给果木，使施肥在时间上、肥料种类上以及数量上与果木需肥相吻合，符合果木生长规律和节奏；另外还不损伤果木根系，不损伤果园土壤结构。

水肥一体化技术是一项集合灌溉与施肥的农业新技术。因其具有高效、省工省时、省肥省水、节约成本、增产高效、使用方便等优点，欧美等发达国家在农业生产中广泛应用。

12.1 基地建设情况

热带作物中的果木、香蕉、橡胶、椰子、油棕、咖啡、胡椒等均是苗木类作物，生产模式以大田生产方式为主，影响其生长及经济效益的重要管控内容为水肥管控，研究示范应用水肥一体化管控，对于苗木类大田生产作物意义重大。

12.2 解决方案

12.2.1 基地改造

在湛江热带果木水肥一体化管控基地（图 12-1）布置视频监控（球机）设备；采集的生产信息主要包括：空气温湿度、光照度、CO_2 浓度、土壤水分、风速、风向、果实生长速率、植物茎秆直径变化、植物茎流、叶面温度；布置水肥一体化智能管控系统。具体措施如下。

（1）在基地布置四个信息采集点。

（2）设计两个视频安装点。

（3）将 220 V 交流电引到视频安装点位置。

（4）在网络入口安装无线 AP，将无线信号覆盖视频安装点。

（5）在视频安装点安装无线 AP，用于接收无线信号。

（6）安装视频预埋件，在预埋件基础上安装高清网络球机。

（7）将 220 V 交流电引到信息采集点位置。

（8）安装信息采集点的预埋件。

（9）在预埋件基础上安装信息采集点，采集的信息包含空气温湿度、光照度、土壤温湿度、CO_2 浓度、土壤 pH 值、土壤电导率、风速、风向。

（10）在泵房进行水肥一体化改造，包含安装智能一体化水肥机。

（11）对罐区的电磁阀进行改造，将电磁阀信号线拉回泵房。

图 12-1　果木水肥一体化示范基地建设现场

12.2.2　水肥管理系统

12.2.2.1　系统概述

水肥一体化是借助压力系统（或地形自然落差），将可溶性固体或液体肥料按土壤养分含量和作物种类的需肥规律和特点配兑成的肥液与灌溉水一起，通过可控管道系统供水、供肥，使水肥相融后，通过管道和滴头形成滴灌，均匀、定时、定量浸润作物根系发育生长区域，使主要根系土壤始终保持疏松和适宜的含水量，同时根据不同作物的需肥特点、土壤环境和养分含量状况以及作物不同生长期需水、需肥规律情况进行不同生育期的需求设计，把水分、养分定时定量，按比例直接提供给作物。

该系统有省工省力、降低湿度、减轻病害、增产高效的作用。用户可根据栽培作物品种、生育期、种植面积等参数，对灌溉量、施肥量以及灌溉的时间进行设置。形成一个水肥灌溉模型。结合通过叶室、叶片温度传感器、茎秆微变化传感器、果实微变化传感器、小型气象站采集的数据结合历史数据，实现水肥的自动控制灌溉。同时利用物联网技术实时监控灌溉效果。

12.2.2.2　系统功能

（1）无线控制：系统的灌溉操作可以实现远程无线控制，无须人员现场操作，降低人工成本、提高生产效率。

（2）定时灌溉：用户可设置自动灌溉每个灌溉组的启动时间和停止时间。

（3）定量灌溉：依据温室内土壤监测的两层土壤水分，用户可设置自动定量灌溉控制。用户可在系统内设置"浅层土壤自动灌溉启动阈值"和"深层土壤自动灌溉停止阈值"。

（4）定量排水：依据生产需要尤其是稻田生产，当田间有积水或积水量达到阈值时，可以利用系统进行定量排水。

（5）过程监测：灌溉过程中，系统将持续监测管道水压和管道流量，当水压或流量出现异常时，系统将自动暂停灌溉并发出警报，系统维护正常后人工继续灌溉进程。

12.3 经济效益

12.3.1 省工省时，节水节肥

传统的沟灌、施肥费工费时，非常麻烦。而使用滴灌，只需打开阀门，合上电闸，几乎不用人工。滴灌水肥一体化，直接把作物所需要的肥料随水均匀地输送到植株的根部，使作物"细酌慢饮"，大幅地提高了肥料的利用率，可减少50%的肥料用量，用水量也只有沟灌的30%~40%。

12.3.2 节约成本，提高种植户收入

水肥一体化智能灌溉系统可以帮助生产者很方便地实现自动的水肥一体化管理。通过与供水系统有机结合，实现智能化控制。整个系统可协调工作实施轮灌，充分提高灌溉用水效率，实现对灌溉、施肥的定时、定量控制，节水节肥节电，减少劳动强度，降低人力投入成本。省力省时、提高产量。

以朗坤物联网水肥一体化示范基地为例，效益综合分析如表12-1所示。

表12-1　水肥一体化示范基地综合效益分析

使用区域及主要作物	节水（m³/亩）	节肥（%）	增产（%）	节本增收（元/亩）
设施农业（葡萄、花卉）	100	30	10~20	≥800
果园（火龙果、猕猴桃）	80	30	10~20	≥800
大田农业（水稻、大豆）	110	25	10~20	≥800

13 物联网中控展示决策中心

物联网被视作继计算机技术、互联网、移动通信网之后的又一次信息产业浪潮，将成为未来带动我国经济发展的主力军。在农业物联网大棚控制系统中，运用物联网系统的温度传感器、湿度传感器等设备，检测环境中的温度、相对湿度、光照度等物理量参数，通过各种仪器仪表实时显示或作为自动控制的参变量参与到自动控制中，保证农作物有一个良好的、适宜的生长环境。远程控制的实现使技术人员在办公室就能对多个大棚的环境进行监测控制。采用无线网络来测量获得作物生长的最佳条件，物联网的智能农业中控平台实现了农业生产培育区域智能环境监测、办公管理区域通往香菇培育区域楼道灯自动（手动）控制和仓库区域监控安防监测。

物联网中控展示决策中心是基于物联网技术的中央监控与管理计算机系统。中央监控与管理系统由中央监控计算机、智能环境与灌溉系统、气象站、无线传输模块、计算机网络系统、大屏幕显示器等组成，集中监控连栋温室环境调控、节水灌溉、气象监测、视频监控。

13.1 系统简述

中控及展示中心置于热科院新落成的科技大楼，本中心作为院总部与各所之间的实时交流沟通、科研远程化的现场会、集中化的管控生产基地、集中化的管理科研数据等变得更为迫切；同时，更好地集中化展示热科院的科研成果，实现实施调研各所、各基地科研及生产的实时状况。承载以下功能。

13.1.1 数据中心

数据中心（data center，DC）是数据大集中而形成的集成 IT 应用环境，是各种 IT 应用业务的提供中心，是数据计算、网络传输、存储的中心。数据中心实现了 IT 基础设施、业务应用、数据的统一、安全策略的统一部署与运维管理。通过数据中心的建设，实现对 IT 信息系统的整合和集中管理，提升热科院内部的运营和管理效率以及对外的服务水平，同时降低 IT 建设的 TCO。

13.1.2 监控中心

中控中心监控系统基于计算机视觉技术对监控场景的视频图像内容进行分析，提取场景中的关键信息，并形成相应事件和告警的监控方式，是新一代基于视频内容分析的监控系统。如果把摄像机看作人的眼睛，而智能监控系统或设备则可以看作人的大脑。智能监控技术借助计算机强大的数据处理功能，对视频画面中的海量数据进行高速分析，过滤掉用户不关心的信息，仅仅为监控者提供有用的关键信息。有以下几方面的优势。

（1）全天候监控。彻底改变以往完全由安全工作人员对监控画面进行监视和分析的模式，通过嵌入在前端处理设备（智能视频网络摄像机或智能视频服务器）中的智能视频模块对所监控的画面进行不间断分析。

（2）大大提高报警精确度。前端处理设备（智能视频网络摄像机或智能视频服务器）集成强大的图像处理能力，并运行高级智能算法，使用户可以更加精确地定义安全威胁的特征，有效降低误报和漏报现象，减少无用数据量。

（3）大大提高响应速度。将一般监控系统的事后分析变成了事中分析和预警，它能识别可疑活动（例如有人在公共场所遗留了可疑物体，或者有人在敏感区域停留的时间过长），在安全威胁发生之前就能够提示安全人员关注相关监控画面以提前做好准备，还可以使用户更加确切地定义在特定的安全威胁出现时应当采取的动作，并由监控系统本身来确保危机处理步骤能够按照预定的计划精确执行，有效防止在混乱中由于人为因素而造成的延误。

（4）有效利用和扩展视频资源的用途。对事件和画面经过智能分析和过滤，仅保留和记录有用的信息，使得对事件的分析更为有效和直接，同时可利用这些视频资源在非安全领域进行更高层次的分析，如智能视频系统还可以帮助零售店的老板统计当天光顾的客户数量，用以分析销售情况等。

13.1.3 管理中心

中控管理中心通过连接局域网（LAN）或广域网（WAN）的计算机，管理员可以管理 AV 设备网络，监控房间状态，执行系统诊断，通过定时预设的事件，跟踪投影机灯泡使用情况、网络记录，并自动执行任务。如图 13-1 所示。

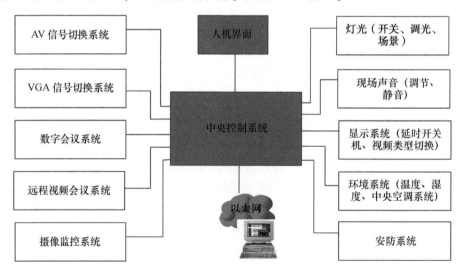

图 13-1 中控中心管理模拟

13.1.4 展示中心

以绚丽的数字媒体搭建气派非凡的企业展厅，以透彻地智能演绎各种前所未有的用户体验。展厅作为最直观的企业形象宣传平台，需要的绝不仅仅是整洁的环境和明亮的灯光，必须从企业的形象定位出发，运用先进的技术和巧妙的创意传达这种形象，同时营造出种种别出心裁的体验让观众喜欢这种氛围。数字环境应用多点触摸、360度幻影成像等前沿技术，成功实现演与讲互动，彻底颠覆了传统的播放宣传片的静态汇报模式，同时整合控制所有数字媒体设备，包括视频、动画、图文、音响、灯光等，以一体智能的方式最大程度烘托整体效果。开放吸纳各类先进技术的数字环境，建立一个良好的企业新品展示平台。通过各种增强现实技术的应用，企业展厅可以轻松实现产品实物与虚拟世界的融汇，从而全方位展示新产品的核心卖点，并且让每一个细节都变得可感知和互联互通，以变幻无穷的新奇体验加深观众对产品的认知。在之前的企业展厅建设中，人们一直将数字媒体归为技术制作者，而不是创意生产者。数字环境开创性地将数字媒体技术创新与创意高度融合，以"科技+创意"的深层次协调带来完美的展厅建设方案，渐渐成为展览展示革命性的符号。

大屏幕全媒体融合技术、实物、光键盘与触摸屏技术相结合在一起，实现即时播放的效果。互动投影系统是融合了当今世界最高科技的广告和娱乐互动系统。它可以提供多种信息，包括人们所想或所需的各种画面和图案，以其独特方式表达内容的新型广告形式。打破了传统静态广告毫无娱乐性的传统悬挂风格，真正实现了广告与受众的互动。互动影音系统能吸引人群驻足观看，并参与互动，具有很好的宣传效果。在接触表面上及交互区域内没有任何传感器件和线路，实现手指或指状物及其他物体在大屏幕上的互动，实现人机自然交互，摆脱了尺寸对人机交互的限制。产品包括橱窗式投影互动、地面投影互动、桌面投影互动等系统。可以实现空中翻书、空中遥指、电子沙盘、边缘融合、互动游戏、环幕球幕等功能。提供软件技术支持，包括单套投影互动系统多媒体效果制作，互动实现，以及多投影屏幕无缝拼接技术，联动技术具体展示见图13-2至图13-5。

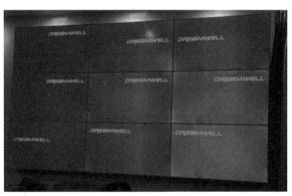

图13-2　大屏展示效果

图13-3　全息投影效果

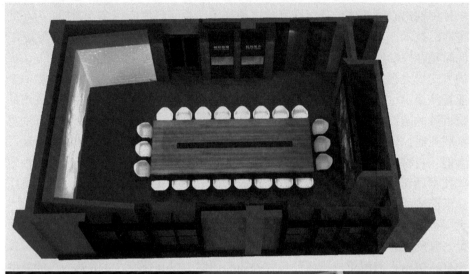

图 13-4　中控中心效果

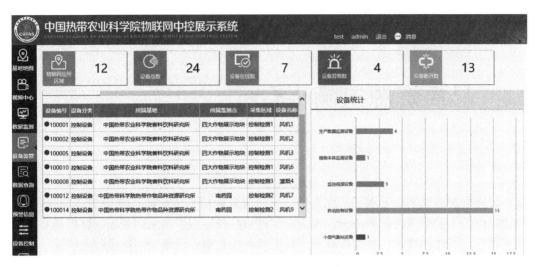

图 13-5　中控中心展示系统

13.2　系统特点

13.2.1　数字化

系统内部传输的均为数字化信号，与会代表使用的话筒中都采用了"模-数"转化技术。多数单元设备也使用了模/数和数/模的转换器，因此外部模拟设备（如广播、录音、有线或无线的音频设备等）经过音频媒体接口可以直接进入数字系统网络。

13.2.2　模块化

对任何层次要求的会议，都可以通过模块化选择符合要求的设备搭配来组成相应的系统。对已建立的系统，也可以加入更多的多媒体设备，通过电脑软件实行控制，使系统进一步扩展。

13.2.3　智能化

系统与系统之间有了联系，有了可以通讯的语言，相互间就有了交流。使原本相对独立的各个子系统，有机地结合在一起，并产生了互动。

13.2.4　高效率

把原有的会议保障的模式彻底颠覆，节省了人员、步骤。节省了会议保障或会议控制者的繁琐操作步骤，减少了因步骤繁琐而可能产生的失误。

13.2.5　提升形象

外观时尚、美观的无线触屏，为您量身订做的触屏画面，可以完美地提升中控室的品位。

14 品质资源追溯平台

品质资源追溯平台适用于研究人员记录品质资源信息，形成有体系的品质资源库，快速定位每一种苗圃的种质情况，快速定位种质品种。该平台采用基于物联网核心的二维码技术、互连网技术、数据库技术对种质从种植到商业化整个周期进行电子化、信息化、智能化管理，建立一套完整品质追溯体系。品质安全内部追溯是指农业企业基于对农产品流程进行管理的需要所进行的，以农业企业内部生产流程为线索的农产品的跟踪、记录行为，目的是掌握农产品在企业内部各生产加工环节的流动情况，并明确各环节责任人和关键指标，为企业内部责任定位与追责乃至外部产品追溯提供依据。因此内部追溯的应用对象是企业，更确切地说是农产品供应链当中的责任主体。品质安全外部追溯指产品因销售、加工等原因离开农业企业后的流向及行为信息的跟踪和记录，为政府监管、农业企业管理以及消费者对农产品的追溯提供依据。因此，外部追溯是面向整个供应链的，其目标是记录并定位农产品供应链中的责任主体，并能够将之关联起来实现信息追踪与溯源。外部追溯和内部追溯只有相互配合才能实现农产品的全程追踪和溯源。

为了进一步加强重要产品追溯标准化工作，2017 年 8 月 7 日，国家标准委、商务部组织召开了重要产品追溯标准化工作推进会议。会议研究了《关于开展重要产品追溯标准化工作的指导意见》。《指导意见》提出，到 2020 年，标准化支撑重要产品追溯体系建设的作用明显增强。基本建成国家、行业、地方、团体和企业标准相互协同、覆盖全面、重点突出、结构合理的重要产品追溯标准体系。一批关键共性标准得以制定实施，追溯体系建设基本要求得到规范统一，全社会追溯标准化意识获得显著提高。追溯标准实施效果评价和反馈机制初步建立，有效开展重要产品追溯标准化试点示范，发挥辐射、带动和引领作用，实现标准化的经济效益和社会效益。重要产品追溯标准制定应遵循覆盖面广、实用性强的原则，选择风险性突出、借鉴性强、需求量大的产品开展标准编制和实施工作，具体要求如下。

（1）食用农产品。食用农产品标准编制内容应包括食用农产品的生产信息、加工信息、流通信息、销售信息、监测信息、各类主体信息和追溯信息载体要求，支撑食用农产品"从农田到餐桌"全过程追溯管理。

（2）食品。食品追溯标准内容应覆盖食品原辅料购进、生产过程、产品检验、产品运输、储存和销售等环节的追溯要求，包括数据标准、技术标准、应用标准和管理标准，为推动食品生产经营企业落实主体责任，为建立和完善食品质量安全追溯体系提供技术依据。

（3）药品。药品的追溯标准内容应覆盖药品生产、经营和使用等环节的追溯要求，包括数据标准、技术标准、应用标准和管理标准，为推动药品生产流通企业落实主体责任，为药品追溯体系建设提供技术性基础保障。

（4）农业生产资料。农业生产资料的追溯标准内容重点包括农业生产资料登记、生产、流通、经营、使用等关键环节信息，相关主体信息和相应追溯信息载体要求，实现农业生产资料全程可追溯管理。

（5）特种设备。特种设备的追溯标准内容重点应涵盖特种设备生产（制造、安装、改造、修理）、经营、使用、检验和监督管理等信息以及适宜的追溯信息载体要求，满足特种设备追溯体系建设需要。

（6）危险品。危险品的追溯标准重点针对民用爆炸物品、烟花爆竹、易制爆危险化学品、剧毒化学品等产品，内容涵盖生产、经营、储存、运输、使用和销毁等环节的追溯信息和追溯信息的载体要求，服务构建危险品的全过程追溯体系要求。

（7）稀土产品。追溯标准重点针对稀土矿产品、稀土分离和冶炼产品的生产与流通环节，规定产品标识和追溯信息载体要求。结合稀土产品生产工艺特点，促进稀土生产贸易相关的企业生产台账监督系统、产品专用发票系统、海关税号管理系统、稀土产品出口监管系统等相融合。因此，要开展重要产品追溯体系建设和应用技术研究，加强重要产品追溯标准制修订工作技术储备，运用追溯标准化工作新理念、新思路、新动态，重点开展追溯信息、数据元规则、追溯编码、数据采集格式、数据借口协议及体系认证等追溯核心技术及推广应用模式研究，为重要产品追溯体系建设提供标准化支撑。

14.1 基地建设情况

品质资源追溯平台的关键技术及创新点在于二维码技术，存储容量大、信息密度高、采集速度快、成本低廉、纠错能力强、信息可加密、误码率极低、应用领域广，对品质进行标签化管理。

14.1.1 品质资源二维码电子标签应用

二维码是用某种特定的几何图形按一定规律在平面（二维方向上）分布的黑白相间的图形记录数据符号信息的，在代码编制上巧妙地利用构成计算机内部逻辑基础的"0""1"比特流的概念，使用若干个与二进制相对应的几何形体来表示文字数值信息，通过图像输入设备或光电扫描设备自动识读以实现信息自动处理：二维条码/二维码能够在横向和纵向两个方位同时表达信息，因此能在很小的面积内表达大量的信息。

在育种阶段，二维码的信息包含育种基地信息、种质种类信息、母代信息、日期信息等；在繁、推阶段，二维码的信息包含品质环境信息、基地信息、子代信息、日期信息等；在推广阶段，二维码的信息包含种质的地理位置信息、品种信息、产品图像信息等；在种质育、繁、推三个阶段中均可用识读设备读取二维码信息，并使用唯一编号与数据库中的信息对比，实现溯源、跟踪管理和信息统计（图14-1）。

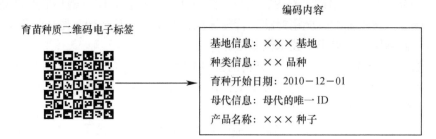

图 14-1　二维码在育种阶段的应用

14.1.2　二维码在平台构建中的应用

（1）种质赋码。种质赋码过程如图 14-2 所示。

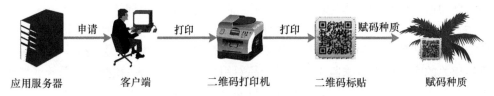

图 14-2　种质赋码过程

（2）研究人员查询。研究人员查询种质信息的过程如图 14-3 所示。

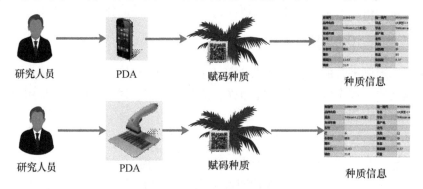

图 14-3　研究人员查询过程

14.1.3　品质追溯平台主要应用描述

作物种质资源，又称品种资源、遗传资源或基因资源，作为生物资源的重要组成部分，是培育作物优质、高产的物质基础，是维系国家食物安全的重要保证，是中国农业得以持续发展的重要基础。作物种质资源不仅为人类的衣、食等方面提供原料，为人类的健康提供营养品和药物，而且为人类幸福生存提供了良好的环境，同时它为选育新品种，开展生物技术研究提供取之不尽、用之不竭的基因来源。保护、研究和利用好作物种质资源是我国农业科技创新和增强国力的需要，是争取国际市场参加国际竞争的需要。

信息已成为生产力发展的核心和国家的重要战略资源。作物种质资源数据在农业科学的长期发展和在我国农业持续发展中具有不可替代的重要作用，它是农业生产和农业科学的重要基础，既为农业生产提供直接服务，又是农业应用科学与技术发展的源泉，它对加强农业基础条件建设，增强农业科技发展后劲，解决农业前瞻性、长远性、全局性的问题是十分必要的。

通过国家"七五""八五""九五"科技攻关，我国已建成了拥有200种作物（隶属78个科、256个属、810个种或亚种）、41万份种质信息、2 400万个数据项值、4 000兆字节的中国作物种质资源信息系统（CGRIS）。CGRIS是目前世界上最大的植物遗传资源信息系统之一，包括国家种质库管理和动态监测、青海国家复份库管理、32个国家多年生和野生近缘植物种质圃管理、中期库管理和种子繁种分发、农作物种质基本情况和特性评价鉴定、优异资源综合评价、国内外种质交换、品种区试和审定、指纹图谱管理等9个子系统，700多个数据库，130万条记录。

中国作物种质资源信息系统的建立，对发展我国农业科学具有极高的实用价值和理论意义，可以实现国家对作物资源信息的集中管理，克服资源数据的个人或单位占有、互相保密封锁的状态，使分散在全国各地的种质资料变成可供迅速查询的种质信息，为农业科学工作者和生产者全面了解作物种质的特性，拓宽优异资源和遗传基因的使用范围，培育丰产、优质、抗病虫、抗不良环境新品种提供了新的手段，为作物遗传多样性的保护和持续利用提供了重要依据，使我国作物种质信息管理达到世界先进水平。

中国作物种质资源信息系统用于管理粮、棉、油、菜、果、糖、烟、茶、桑、牧草、绿肥等作物的野生、地方、选育、引进种质资源和遗传材料信息，包括种质考察、引种、保存、监测、繁种、更新、分发、鉴定、评价和利用数据，作物品种系谱、区试、示范和审定数据，以及作物指纹图谱和DNA序列数据，为领导部门提供作物资源保护和持续利用的决策信息，为作物育种和农业生产提供优良品种资源信息，为社会公众提供作物品种及生物多样性方面的科普信息。

中国作物种质资源信息系统的主要用户包括决策部门、新品种保护和品种审定机构、种质资源和生物技术研究人员、育种家、种质库管理、引种和考察人员、农民及种子、饲料、酿酒、制药、食品、饮料、烟草、轻纺和环保等企业。

本系统的主要应用业务包括：①种质品种、种类基础信息管理；②种质地理位置信息管理；③种质保存单位管理；④品质特性管理；⑤品质疾病及抗病性管理；⑥品质产地管理。

14.1.4 系统总体架构

在种植环节，给每个地块定义一个编号，作为地块的唯一标识，通过系统采集作物种植过程的基本信息，并与地块编号进行绑定；在收购环节，采集作物的检验、过磅信息，并与对应的地块编号进行关联；在加工环节，加工前通过智能采集设备设置地块编号以及品种信息，加工时将地块编号与采集的作物条码等加工信息进行绑定；在仓储检验环节，对作物进行组批入库，系统采集作物包入库信息，并通过接口获得作物包的检验数据信息。这几个系统通过地块编号与作物条码进行了信息的有效融合，为整个产业链品质信息追溯打下了数据基础。

系统总体架构基于物联网技术的品质信息追溯平台的构架图，如图14-4所示，系统采用Oracle搭建该平台的数据库，在此基础之上开发种质基础查询子系统、溯源查询系统、二维码应用系统以及基础信息管理子系统四个部分。

种质追溯系统分为 2 层体系结构，即业务应用层和业务支撑层。

业务支撑是在同一数据层和业务逻辑层额基础上实现的管理系统，每个管理系统都有相应授权管理用户，而系统与系统之间通过数据进行关联。业务应用层主要在前台客户端以 Web 浏览器的方式运行，为用户提供种质信息追溯界面。

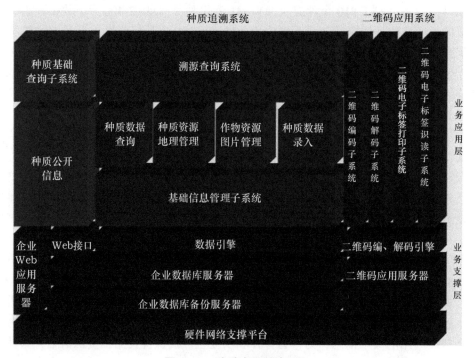

图 14-4   种质追溯系统架构

14.1.4.1   业务支撑系统

业务支撑系统（图 14-5）实现的功能是业务的组成部分，实时处理问题成为系统的基本要求。业务支撑系统实现 7×24 h 不间断运行，业务支撑系统自身已成为业务的组成部分。

14.1.4.2   二维码应用支撑系统（图 14-6）

二维码在代码编制上巧妙地利用构成计算机内部逻辑基础的"0""1"比特流的概念，使用若干个与二进制相对应的几何形体来表示文字数值信息，通过图像输入设备或光电扫描设备自动识读以实现信息自动处理。它具有条码技术的一些共性：每种码制有其特定的字符集；每个字符占有一定的宽度；具有一定的校验功能等。同时还具有对不同行的信息自动识别功能及处理图形旋转变化点。二维码应用根据业务形态不同可分为被读类和主读类两类。

（1）被读类业务。平台将二维码通过彩信发到用户手机上，用户持手机到现场，通过二维码机具扫描手机进行内容识别。应用方将业务信息加密、编制成二维码图像后，通过短信或彩信的方式将二维码发送至用户的移动终端上，用户使用时通过设在服务网点的专用识读设备对移动终端上的二维码图像进行识读认证，作为交易或身份识别的凭证来支撑各种应用。

（2）主读类业务。用户在手机上安装二维码客户端，使用手机拍摄并识别媒体、

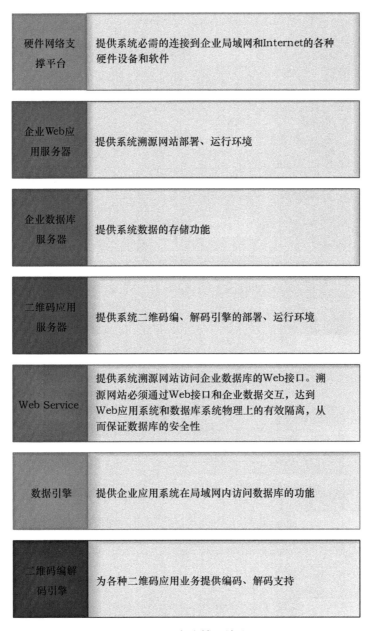

硬件网络支撑平台	提供系统必需的连接到企业局域网和Internet的各种硬件设备和软件
企业Web应用服务器	提供系统溯源网站部署、运行环境
企业数据库服务器	提供系统数据的存储功能
二维码应用服务器	提供系统二维码编、解码引擎的部署、运行环境
Web Service	提供系统溯源网站访问企业数据库的Web接口。溯源网站必须通过Web接口和企业数据交互，达到Web应用系统和数据库系统物理上的有效隔离，从而保证数据库的安全性
数据引擎	提供企业应用系统在局域网内访问数据库的功能
二维码编解码引擎	为各种二维码应用业务提供编码、解码支持

图14-5 业务支撑系统流程

报纸等上面印刷的二维码图片，获取二维码所存储内容并触发相关应用。用户利用手机拍摄包含特定信息的二维码图像，通过手机客户端软件进行解码后触发手机上网、名片识读、拨打电话等多种关联操作，以此为用户提供各类信息服务。

14.1.4.3 种质追溯系统（图14-7）

追溯系统目前已经被广泛应用于各个行业中，它其实就是一种可以对产品进行正向、逆向或不定向追踪的生产控制系统，可适用于各种类型的过程和生产控制系统。

追溯系统的应用可以让你追溯到产品的以下信息：哪个零件被安装于成品中了；产品生产过程中产生了哪些需要控制的关键参数，是否都合格；以及对当前制造过程的严

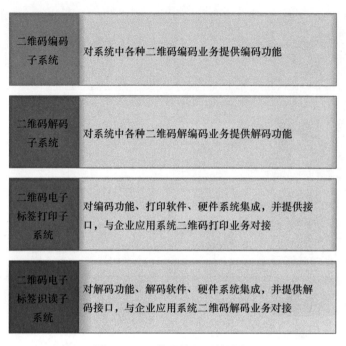

图 14-6 二维码编码系统流程

密控制等。

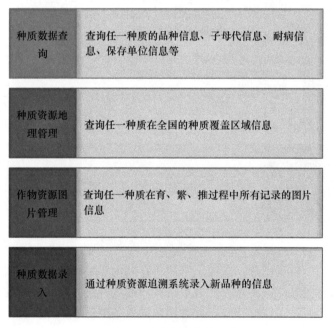

图 14-7 种质追溯流程示意

14.1.4.4 种质追溯系统功能架构图（图 14-8）

种质追溯系统为逐步实现推进农业信息服务技术发展，重点开发信息采集、精准作业和管理信息、远程数字化和可视化、食品安全预警等技术，从而不断促进企业"生产经营信息化"奠定基础。

追溯作为国家科技基金重点扶持的高新科技技术，以打造让老百姓安全的饮食环境为己任，充分利用二维码技术、RFID 等物联网技术手段，研发了一系列食品安全追溯生产管理系统。为消费者打通了一条深入了解食品生产信息可信通路，解决供需双方信息不对称、不透明问题，为食品安全保驾护航。

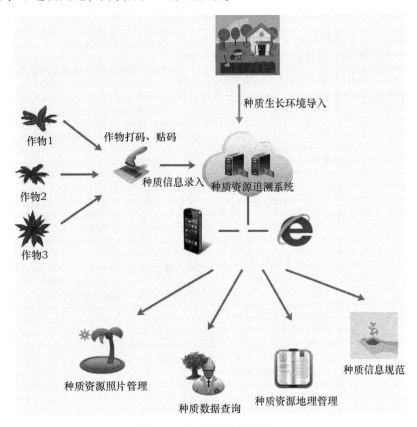

图 14-8　种质追溯系统架构

14.2　解决方案

14.2.1　流程分析

（1）种质入库管理流程（图 14-9）。作物种质资源又称作物品种资源、遗传资源、基因资源，它蕴藏在作物各类品种、品系、类型、野生种和近缘植物中，是改良农作物的基因来源。中国特色热带作物是除橡胶、香蕉、木薯、荔枝、龙眼等大宗热带作物外的小宗热带作物的统称。主要包括芒果、番木瓜、菠萝、黄皮、杨桃、澳洲坚果、槟榔、咖啡、胡椒、剑麻、椰子、香草兰等作物种类。

种质入库时，可以给该种质赋予唯一 ID，将 ID 号和其他一些信息，如采购来源、品名、科名、原产地等信息录入数据库，并打印二维码电子标签赋在种质上。

（2）种质种植流程（图 14-10）。在种植管理中使用种质 ID 编号贯穿于整个种植管理信息流，各个环节的信息和种质 ID 编号相关联，形成以种质 ID 编号为中心的可追溯的种植信息数据链。通过该数据链，研究人员或监管部门可以对各个种植环节进行质量监管和控制，并进行跟踪和追溯。

（3）系统溯源流程整合（图14-11）。对系统各个环节信息流整合后，形成以相互关联的种质 ID 唯一编码为中心的闭环数据链。通过该数据链可以查询任意环节的信息。

（4）种质追溯信息流整合（图14-12）。研究人员通过公共溯源平台或者手机溯源软件，可查询到种质的属性信息如图14-13 所示。

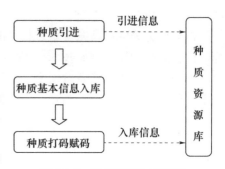

图 14-9 种质资源入库流程

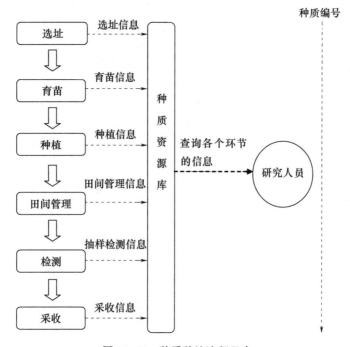

图 14-10 种质种植流程示意

14.2.2 过程分析

热带作物种质资源追溯平台建设的思路是以特色热带作物种质技术规范体系为基础，以信息技术为手段，通过规范化和数字化，实现作物种质资源的标准化整理、规范化评价、数字化表达、网络化共享和专业化服务，实现了种质资源信息的全社会共享，带动作物种质资源的共享和利用，提高特色热带作物种质资源利用效率和效益。

14.2.2.1 基础数据管理（图14-14）

系统要求相关人员对基本企业信息和生产基地信息（土壤情况、水质等）进行采集登记。企业信息主要包括企业名称、企业法人代表、联系方式、基本资质等基本情况。生产基地信息主要有生产主体的基地、地块、大棚、产地环境监测信息，作物名称、种植面积、种植方式、基础设施等信息。系统根据这些信息自动生成农产品追溯

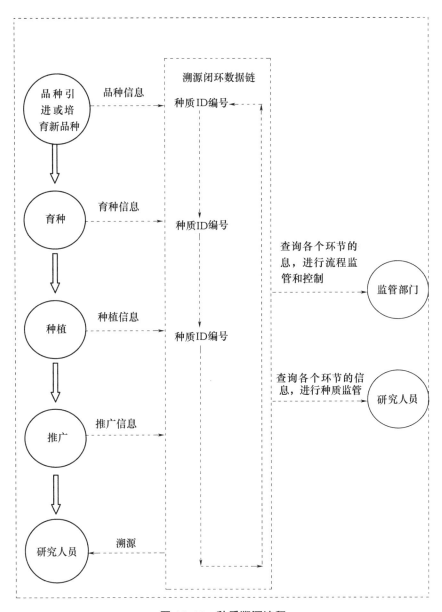

图 14-11 种质溯源流程

信息。

14.2.2.2 生产过程管理（图 14-15）

本系统主要供生产基地生产部门使用，系统实现能够理顺生产企业内部计划、生产、质检数字化关系，沉淀基础数据，实现企业产品质量重点管控环节信息的智能化采集和自主核查，实现生产中的关键控制点的分析处理，实现产前提示、产中预警和产后反应等功能要求。该系统包含企业基本信息管理、企业产地环境监测信息管理、企业生产基地信息管理、农产品生产计划信息管理、企业农事作业信息管理、企业内审管理、农产品生产过程记录、产品自检信息统计报表等功能模块，主要功能：

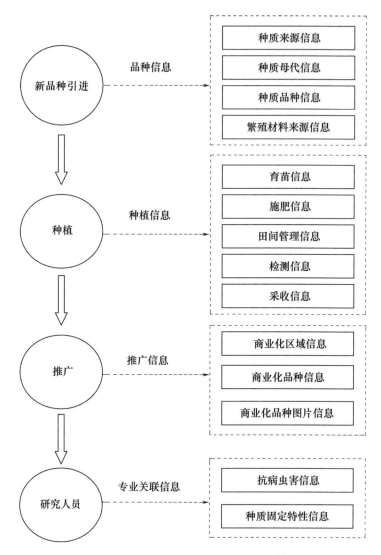

图 14-12 种质溯源信息流整合示意

（1）企业及生产基地等基本信息。系统要求相关人员对基本企业信息和生产基地信息（土壤情况、水质等）进行采集登记。企业信息主要包括企业名称、企业法人代表、联系方式、基本资质等基本情况，生产基地信息主要有生产主体的基地、地块、大棚、产地环境监测信息，包括作物名称、种植面积、种植方式、基础设施等信息。系统根据这些信息，生成三只松鼠农产品追溯信息。

（2）生产过程信息。系统实现记录农产品的生产过程信息，包括农产品名称、种植时间、种植的地块号、种植面积、农事操作内容（施肥、喷药等）、农业投入品名称、用法用量、使用和停用日期、安全间隔期、农产品采收日期等内容（图 14-16）。

系统能提供专业、权威、全面的作物种植、食品加工等各类农产品"从田间到餐桌"全生命周期的溯源信息记录表单，可依据热科院农产品质量监管的需求自定义相关表单。

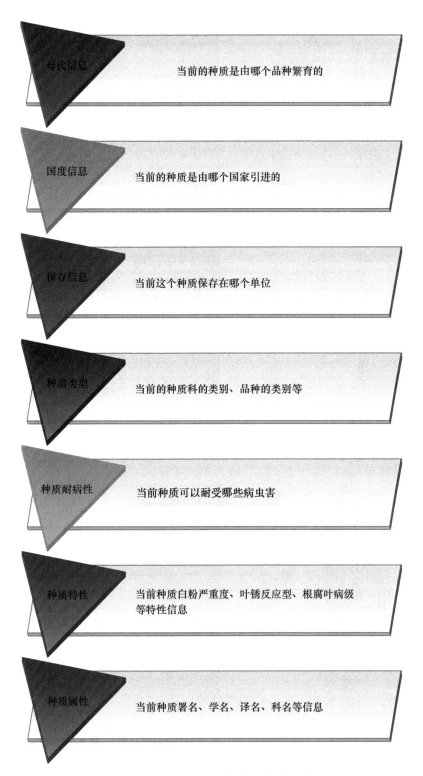

图 14-13 客户查询详细种质信息示意

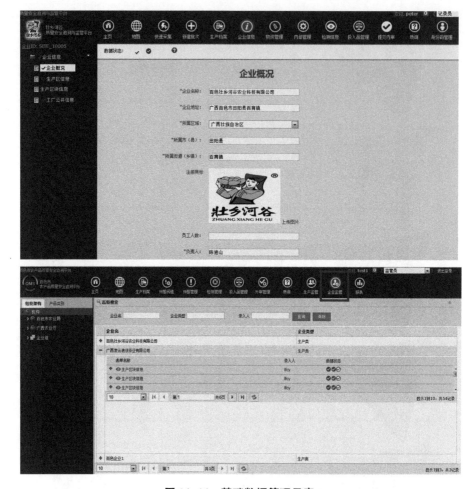

图 14-14　基础数据管理示意

图 14-15　生产过程管理示意

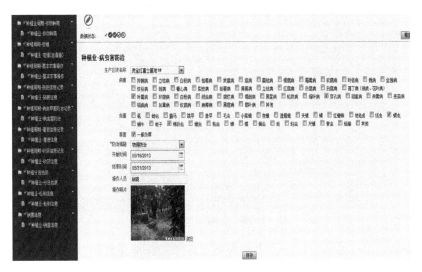

图 14-16　生产过程信息示意

14.2.2.3　物联网生产数据信息（图 14-17）

将农产品生长期间的物联网传感器采集的数据无缝导入质量安全追溯系统，扫描二维码可以在追溯信息展示页面查询该农产品田间生长期间的环境数据、气象数据、图片和视频等相关的内容。

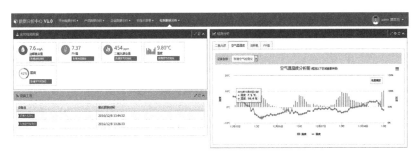

图 14-17　物联网生产数据示意

（1）收购管理。热带作物产品流通时有部分是从农户源头收购而来，若我们没有条件对农户生产环节进行管理，则公司在收购农户产品时，必须记录相关信息。采集信息包括产品收购量、收购人、农户姓名等。

（2）产品批次关联。产品批次关联问题关系到整个追溯体系成功架构与否的关键所在。坚果批次关联在于重点解决生产环节/收购环节、加工仓储环节、物流销售等之间关联问题。

14.2.2.4　仓储加工环节管理

本系统主要是对农产品的加工环节进行监控，以确保加工环节的标准化生产。主要用于采集农产品的加工环节信息，包括员工健康信息管理、加工环境检测管理、加工设备维护管理、加工产品的生产档案填报工作。选择相应的原料批次信息，并根据批次产品记录加工时间、过程关键点信息、加工班组、半成品与成品的检验和包装信息等内容，加工生产档案与田间履历可关联。其界面如图 14-18 所示。

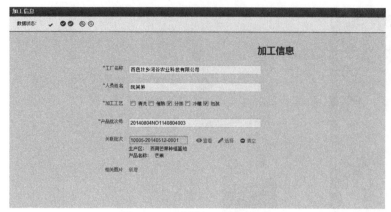

图 14-18　仓储加工信息示意

对作物的加工环节进行监控，以确保加工环节的标准化操作。管控信息包括加工工艺、加工时间、加工班组、添加剂使用情况等，其界面如图 14-19 所示。

图 14-19　仓储分类包装示意

14.2.2.5　销售流向管理系统（图 14-20）

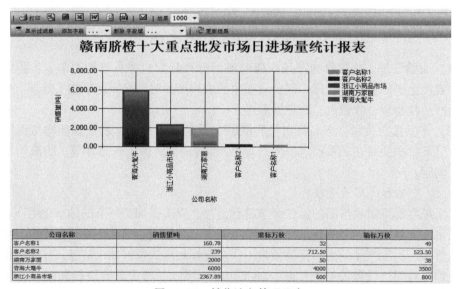

图 14-20　销售流向管理示意

　　本系统主要是对企业农产品的销售流向进行追踪，以便在发生食品安全问题时，能及时进行产品召回或其他处置，将事件影响降至最低。同时可按需求对销售数据进行统计分析，生成各类定制的分析图表，为掌控农产品的市场销售状况、制定相关的决策和规划提供数据支持。主要包括批次流向管理、统计报表等功能模块。

14.2.2.6　企业内部流程管控系统（图14-21）

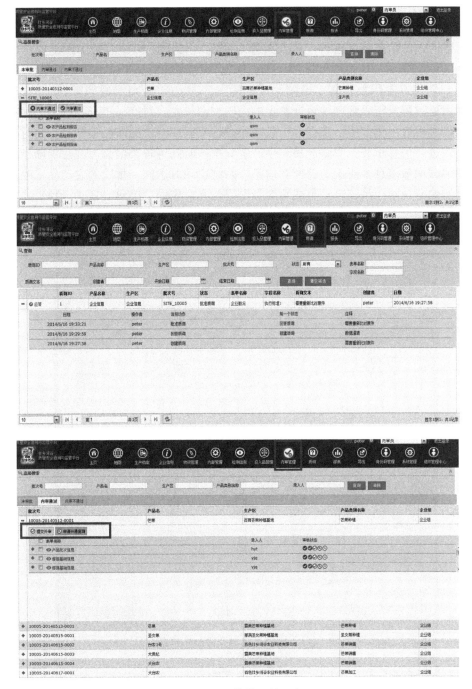

图14-21　管控系统示意

该系统为企业质量管理者提供及时、全面的信息服务，可以实时了解和掌握企业产品在基地种植、投入品使用情况、检测结果、生产加工、流通和销售环节的质量信息，对产品质量安全进行全程监管和审核，并对问题建立质询，进一步对企业内部管控流程进行优化整改，真正建立起完整严谨的企业内部管控流程。除此之外，还可实现对追溯标识码段的管理和提交政府监管部门进行外审管理。

（1）信息审核、问题质询、提交外审。系统配置内审员角色，可以对采集记录的溯源信息进行审核，对所有安全隐患进行问题质询，实现对产品质量安全的全程监管。对于内审通过的信息可以进行"提交外审"操作，便于监管部门对于质量安全信息的掌控。

（2）防伪追溯码段管理。追溯码需采用 EAN.UCC128 码编码规范编制的条形码，系统采用通过国家密码管理局认证鉴定的编码加密机制，对产品进行追溯码的编制。该编码可以实现数字化加密，实现一个包装条码标签对应唯一的产品追溯码。通过使用该编码方式进行信息承载，关联产品、生产者、生产时间等各类信息，并且伴随产品的流通不断加载增量信息，便于追踪回溯信息。系统实现对于同一批次的农产品采收后，根据设定的编码规则，系统自动生成追溯身份码及其对应的二维码（图14-22）。

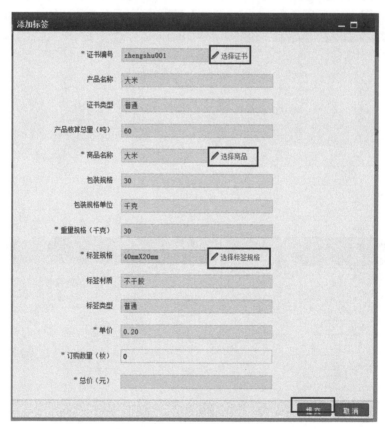

图14-22　二维码生成信息示意

主要用于企业农产品追溯码段及追溯标签的管理，企业的管理人员可按照"标签管理"→"订单管理"→"创建订单"，向政府监管单位按企业实际的产量，提交追溯标签订单（图 14-23）。政府监管单位在溯源信息审核通过后，可为企业分配制定码段的追溯标签，并负责开通溯源查询。企业再将追溯标签加施在农产品上。

图 14-23 二维码应用示意

（3）追溯信息查询管理（图 14-24）。系统配置企业管理员角色，对内审员提交的申请查询进行审核。企业管理员可对相应的信息模块开通查询，也可禁止一些产品信息的查询开通。

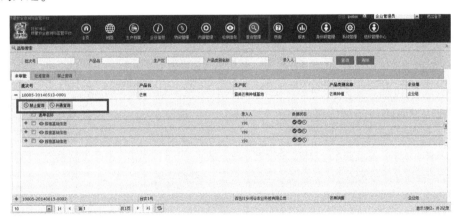

图 14-24 追溯信息查询管理示意

14.2.2.7 检测信息管理系统（图 14-25）

本系统主要用于企业自检，主要针对农药残留，将检测批次和检测结果通过人工或自动采集录入系统。系统提供开放规范的数据接口，能实现与各类快速检测仪器和政府检测部门的数据链接，支持快速检测数据的实时上传。

14.2.2.8 质量安全评估预警系统

（1）标准规范计划管理。帮助用户准确快速建立标准规范，根据不同用户不同产品的不同标准规范计划，个性化重构其标准规范管理体系。

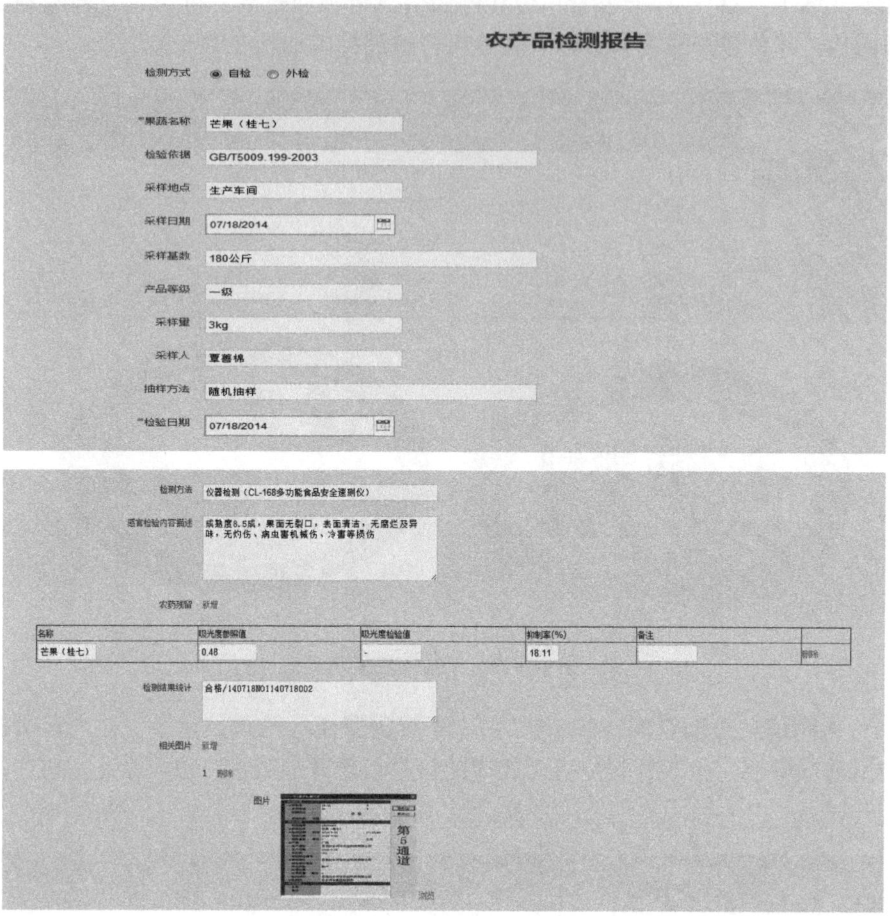

图 14-25 检测管理系统示意

（2）关键控制点比对。用户将实际生产中采集、监测到的关键阈值数据输入关键控制点智能比对组件，组件将给出比对结果，当出现阈值偏离时，给出纠偏方案。

（3）纠偏与预警。对农产品产地、生产、物流配送的全过程进行危害分析，对生产环节中的关键控制点进行设限。这种预警方式不同于以往单纯的产品最终检测，而是在农产品生产的全过程中步步把关，当有不安全因素存在时，将基于标准规范，提出纠偏措施。

14.2.2.9 产品召回管理系统

可对种植区域范围内农业生产主体、产品生产、质量检测等情况进行全方位监控管理；可通过平台对农产品生产、安全检测等数据进行汇总分析；通过农产品追溯码查询相关信息，以快速明确农产品质量安全事件发生的环节，锁定质量问题源头，提出召回申请，有关监管人员进行审核和排查。根据系统平台记录信息追踪产品流向，对问题批次进行正向追踪和逆向追溯，并对问题产品进行相应处置，以加强对农业生产过程及农产品质量安全的全过程监管、监测和预警。

14.2.2.10 质量追溯信息服务系统

本系统是热科院农产品质量安全信息统一查询和发布的平台，系统为终端用户在产品分拆前提供追溯查询服务，可抽取相关信息进行公示。根据追溯码，消费者能够通过上网、二维码扫描等多种方式，快捷地查询到农产品全程的质量安全信息。系统还为公众对于农产品质量安全问题提供留言投诉服务。企业农产品溯源信息显示界面可定制。

系统可为各企业定制独有的溯源信息显示窗口，全方位地展示企业的基本信息、产品品牌信息、企业内部的质量管控信息，以及日常生产作业各环节的质量安全信息，增强消费者对企业的认知和认可，提升企业品牌的知名度，实现消费者对农产品质量的知情权、监督权和追溯权。查询结果的显示界面如图14-26所示。

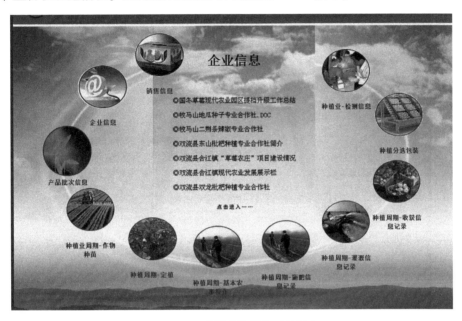

图14-26 质量追溯服务系统示意

（1）电话语音查询。通过语音数据库与语音播报软件，将人工录制的语音内容与软件进行整合，消费者拨打专用的电话查询号码后，输入追溯条码信息，自动语音服务将对追溯信息进行播报。系统提供产品及企业信息查询。

（2）短信查询。设置专用的追溯短信查询号码，将信息机与中心服务器相连接，消费者将所要查询的追溯码发送至追溯短信查询号码后，服务器将自动搜索追溯条码信息，并将查询到的追溯信息返回短信发送至消费者。系统主要提供产品及企业信息查询。

（3）Web查询。建立追溯查询网站，网站对三只松鼠食用农产品质量安全追溯系统的基本情况进行展示，对追溯企业的信息与多媒体内容进行展示，网站内包括追溯信息查询模块，在首页上有明显的追溯查询窗口（图14-27），通过输入追溯号码，点击查询按钮，可以查询到追溯产品的企业信息、产品信息、批次信息与生产档案信息等全部内容。

（4）二维码查询。消费者可以通过手机等扫描工具对农产品的二维码进行扫描，可以查询到追溯产品的企业信息、产品信息、批次信息、生产档案、保质期和检测信息等全部内容（图14-28）。

图 14-27　Web 查询示意

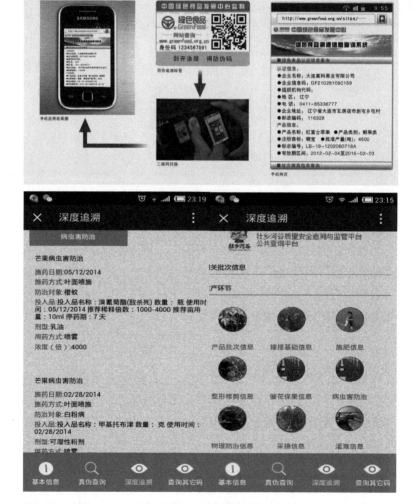

图 14-28　二维码查询示意

（5）触摸屏查询机查询。消费者通过触摸屏查询机可以查询到追溯产品的企业信息、产品信息、批次信息、生产档案、保质期和检测信息等全部内容（图14-29）。

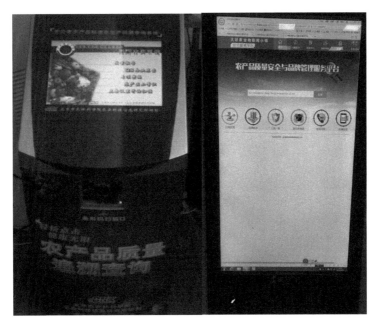

图14-29　一体机查询系统

14.3　经济效益

14.3.1　促进物联网技术的应用及相关产业的发展

品质追溯管理系统利用二维码先进的技术并依托网络技术及数据库技术，实现信息融合、查询、监控，为每一个生产阶段以及分销到最终消费领域的过程中提供针对每件货品安全性、食品成分来源及库存控制的合理决策，实现食品安全预警机制。二维码技术贯穿于品质安全追溯系统始终，包括生产、加工、流通、消费各环节，全过程严格控制，建立了一个完整的产业链的安全控制体系，形成各类产品企业生产销售的闭环生产，以保证向社会提供优质的放心产品，并可确保供应链的高质量数据交流，保证了产品供应链中提供完全透明度的能力。

14.3.2　满足社会对品质监管的强烈诉求，提高企业及政府的公信力

品质资源追溯平台使产品质量安全保障能力进一步增强。一方面，企业为满足追溯工作的需要，进一步细化生产流程，完善生产规范，优质安全农产品的生产能力和生产水平得到提升；另一方面，随着质量追溯工作的逐步深入，企业和职工的质量安全意识和自我约束能力都不断增强，社会责任感逐步强化。如新疆北疆红提有限责任公司由于实施了追溯项目，承担种植任务的农户质量安全意识明显增强，使用投入品环节都能自觉履行领导签字制度，未经领导签字许可使用的投入品，农户都坚决不予使用。北京金星鸭业中心的主要领导将实施追溯项目提升到企业回馈社会、体现社会责任的高度认真对待，使追溯项目的意义在更高层次上体现。

第4篇：未来篇
——物联时代的热区机遇

物联网是继计算机、互联网与移动通信网之后的又一次信息产业革命的浪潮，是一个全新的技术领域。传感网于 1999 年最先被提出，在"互联网概念"的基础上随后引申为物联网这一概念，将其用户端延伸和扩展到任何物品与物品之间进行信息交换和通信的一种网络概念。世界信息产业迎来了第三次浪潮，在继计算机、互联网浪潮之后，物联网时代已经来临，2008 年，IBM 向美国政府提出了"智慧的地球"战略，2009 年 6 月，欧盟提出了"物联网行动计划"，2009 年 8 月日本提出了"i-Japan 计划"。在中国，温家宝总理也提出了建立"感知中国"中心的工作，北京成立了传感网国家标准工作组，无锡建立了"感知中国"中心园区，着重突破传感网、物联网的关键技术，及早部署后 IT 时代的相关技术研究，使信息网络产业成为推动产业升级、迈向信息社会的发动机。未来十几年内，物联网将会像现在互联网一样高度普及，美国权威咨询机构 Forresrer 预测，到 2020 年，世界上物物互联的业务，跟人与人通信的业务相比，将达到 30：1。因此，物联网被称为下一个万亿元级的通信业务，物联网孕育着巨大的商机和市场空间。RFID 技术、云计算技术、国内 4G 发展、二维码技术、传感器技术等领域在物联网的出现基础之上将有空前的发展前景，为全世界信息产业带来又一次跨越式的产业变革，前景广阔，趋势诱人。中国当前发展物联网的时机已成熟，在一些发达的东部沿海地区率先得到了发展，这将为以后全国范围内的发展打下坚实的基础。

当前，"互联网+农业"已在多个领域取得不俗成效，其商业应用已初具市场规模，以农村电商市场为例，有数据预测其未来五年年均复合增长率约为 39%，到 2020 年我国农村电商市场规模将达到 1.6 万亿元。可是，在互联网与农业融合发展的实践中，实际效果和外界期望尚存在一定差距，在融合过程中还存在着不平衡不充分的情况……究其原因在于我国农村的网络服务体系还有待完善。如何引导农民群众运用好"互联网+农业"这一创新模式，值得继续挖潜。

"互联网+农业"的初心是服务农民的切实需求。对农民来说，增加收入是根本目的，"互联网+农业"也应该以此为出发点和落脚点。如广东省早在 2016 年的《"互联网+"现代农业行动计划（2016—2018 年）》中提出"协同共享，普惠农民"的基本原则，就是要让农民充分享受"互联网+"现代农业的发展红利。

要让农民享受红利，一方面，政府应加快农业信息化基础设施建设、完善服务体系，并针对推广过程中可能出现的风险配套落实政策性保险，着实为农民分忧解难。另一方面，要加强信息教育。"互联网+农业"能否顺利发展，很大程度上取决于农民对其认知程度的高低，这就需要政府积极地宣传与引导，帮助农民成为网络营销的主体。同时，还可以鼓励引导农业金融与电商平台深度融合，升级农村金融服务。

2018 年的中央"一号文件"对实施乡村振兴战略作出重大部署。在乡村振兴的道路上，互联网与农业融合发展前景广阔，各地都在积极探索与创新，如广东省正着力构建现代农业产业、生产和经营体系，推进农业现代化。广州作为省会城市，更要当好示范和表率，广州要以更有竞争力的扶持政策、措施和办法，鼓励多元化的农业生产经营方式，打造新型职业农民队伍，助推广州现代农业蓬勃发展。

从本质上说，物联网的核心价值源于数据。很多人把数据看作"新的黄金"，但事实上它是"新的石油"。当石油从地下流出时，它具有内在的价值，但它对任何人都没有什么用处。汽油、柴油等数据的真实价值只有经过提炼才能实现。物联网传感器的数据非常原始，可能由温度、位置或压力读数组成；由于这些原始数据可能来自许多不同的来源，因此物联网的关键在于能够利用分析能力从不同的地点统计数据。数据可以来自任何数量的物联网设备，如传感器和执行器。数据可以以各种形式出现，从温度、压力、运动和距离不等。通常传感器通过网关连接，因为它们不能直接通过因特网进行通信。使连接器在广域网或因特网上进行通信需要以开放的、可互操作的、可伸缩的安全方式进行连接。在 Web 上，当人们通过服务交谈时，他们使用的是一个开放的、可互操作的 HTTP 协议。同样，物联网设备需要以开放的、可伸缩的方式连接，所有的东西都是可互操作和安全的。物联网从两个角度来看是重要的。从技术的角度来看，物联网是创新的驱动力；在业务方面，物联网是业务转型和业务中断的推动者。物联网解决方案可以帮助组织改善现有业务。根据业务类型或运营模式，业务优化可以通过精减成本、提高效率、提高产量、确保或提高质量、缩短循环时间等来实现。物联网是一个巨大的数据创造者，为大数据分析创造了许多机会。位置是一个全面的物联网解决方案，一个可以使公司既增加收入又降低成本的关键要素。在数据分析中添加位置数据作为另一个数据点，可以使组织获得有价值的见解，从而导致更明智的决策。

我们正在经历物联网的兴起，随着全球互联网的第三次浪潮的蔓延，最终将达到30亿~50亿的连接设备。这样的系统很难有效地监控和有效地控制。因此，物联网系统的弹性将是最重要的，它可能产生一个全新的分支，研究混合动力、超大型和安全关键系统的弹性。对结构和行为的研究将导致建立弹性模型，这可能是系统的元模型。这些模型将用来模拟所有可能的行为。一旦行为被认可、理解和分类，将作为洞察架构、设计与工程弹性超大的规模系统。架构会导致一个长期的框架，使创作反过来指导适当的设计和技术选择。工程将探索所有可能的成本/性能权衡，以确保保证系统的弹性。

15　物联网助力热带农业大数据

随着云时代的来临，大数据也吸引了越来越多的关注。物联网的存在使这种基于大数据的采集以及分析变成了一种可能，2009年以来，在国家政策积极鼓励和财政资金大力支持下物联网发展掀起高潮，此后，物联网在工业、农业、交通、物流、城市管理、环境保护、公共安全、医疗、家居等各个领域都开展了应用示范，目前提倡的现代农业精细化生产与物联网技术结合有着巨大的市场需求空间，以感知为前提，人与人、人与物、物与物全面互联的网络平台构筑成功，现代农业悄然步入物联网时代，智慧农业大局初现。试想，如果农民能随时掌握天气变化数据、市场供需数据、农作物生长数据等，农民朋友和农技专家足不出户就可观测到大田里的实景和相关数据，准确判断农作物是否该施肥、浇水或打药，不仅能避免因自然因素造成的产量下降，而且可以避免因市场供需失衡给农民带来经济损失。各国政府、社会组织、企业都意识到大数据这场旋风所带来的机遇，开始发力推动大数据在农业领域的跨界应用。大数据时代，不仅可以通过建立综合的数据平台调控农业生产，还可以记录分析农业种植养殖过程、农产品流通过程中的动态变化，通过分析数据，同时结合经验，制定一系列调控和管理措施，使农业高效有序发展。

一般来说，乡村与农业往往是分不开的，因而乡村的不断发展，首要需处理的就是农业发展的问题，而在当时我国农产品供应质量不高、乡村发展全体水平偏低的背景下，使用智慧农业处理计划来让科技服务现代农业出产，是处理农业发展根本问题的必要手法，该技能计划能够全面推进农业全面晋级，是助力施行乡村复兴战略的有用办法。

智慧农业处理计划的中心是物联网技能与农业发展的结合，它经过使用传感技能、智能技能、网络技能，完成现代农业的全面感知、牢靠传递、智能处理和自动控制。依托布置在农业出产现场的各种传感节点和无线通信网络，完成农业生产环境的智能感知、智能预警、智能决议计划、智能剖析、专家在线辅导，为农业出产供给精准化栽培、可视化办理、智能化决议计划。智慧化农业的一个突出表现是智能化培育控制。通过在农业园区安装生态信息无线传感器和其他智能控制系统，可对整个园区的生态环境进行监测，从而及时掌握影响园区环境的一些参数，并根据参数变化适时调控诸如灌溉系统、保温系统等基础设施，确保农作物有最好的生长环境，以提高产量保证质量。

物联网、大数据是国际化的发展趋势，农业当然也不会例外。并且会随着科技进步和物联网、感应器、系统化的不断完善和成熟，农业机械化、农业自动化、农业智能智慧化逐步会得到实现，现代化农业终将会代替传统农业，走向未来。

在未来几十年里，农业产业将比以往任何时候都更重要。根据联合国粮食和农业组织的数据，2050 年的粮食产量需要比 2006 年增加 70% 才能养活地球日益增长的人口。为了满足这种需求，农民和农业公司正在转向运用物联网的分析和更大的生产能力。农业技术创新不是什么新鲜事。几百年前，人们用手持工具，工业革命带来了轧棉机，19世纪出现谷物升降机、化肥和第一台天然气动力的拖拉机。到 20 世纪末，农民开始使用卫星来计划自己的工作。物联网将把农业推向新的高度。智能农业已经越来越普遍，因为有了农业机器人和传感器，农民和高科技农业正在标准化。物联网应用在未来几年将帮助农民满足世界粮食需求。农民已经开始使用一些高科技的农业技术提高他们的日常工作效率。例如传感器可以让农民获得所在地区的详细地形和资源地图，土壤酸度和温度的变量。他们还可以利用天气预报来预测未来几天和几周的天气模式。农民可以使用他们的智能手机远程监控他们的设备、农作物和牲畜，统计牲畜饲养和生产。他们甚至可以利用这项技术对农作物和牲畜进行预测。

所有这些技术都有助于精确农业或精准农业，利用卫星图像和其他技术（如传感器）来观察和记录数据的目的是提高生产产量，同时最大限度地降低成本和节约资源。在未来几十年里，随着农场变得更加紧密，智能农业的应用更加紧密，随着土地流转加快，农场经济的发展，大型的农机设备是刚需，大数据、智慧农业的趋势不可逆转。慧云智慧农业云平台是慧云信息将国际领先的物联网、移动互联网、云计算等信息技术与传统农业生产相结合，搭建的农业智能化、标准化生产服务平台，旨在帮助用户构建起一个"从生产到销售，从农田到餐桌"的农业智能化信息服务体系，为用户带来一站式的智慧农业全新体验。慧云智慧农业云平台可广泛应用于国内外大中型农业企业、科研机构、各级现代化农业示范园区与农业科技园区，助力农业生产标准化、规模化、现代化发展进程。

大数据时代已经来临，对于传统行业来说既是机遇，也是挑战。在传统产业中，农业作为第一产业，具有基础性的作用。农业大数据的集成和未来的挖掘应用对于现代农业的发展具有重要作用。在大数据时代，农业与大数据必然发生各种联系，通过大数据带来的技术突破推动农业迈向全面信息化时代，通过农业的快速发展推动大数据更快落地，产生实效。在农业发展中，大数据不仅可以渗透到耕地、播种、施肥、杀虫、收割、存储、育种、销售等各环节，而且能够帮助农业实现跨行业、跨专业、跨业务发展。

15.1 热带农业大数据的内涵

农业大数据是融合了农业地域性、季节性、多样性、周期性等自身特征后产生的来源广泛、类型多样、结构复杂、具有潜在价值，并难以应用通常方法处理和分析的数据集合。农业大数据保留了大数据自身具有的规模巨大（volume）、类型多样（variety）、价值密度低（value）、处理速度快（velocity）、精确度高（veracity）和复杂度高（complexity）等基本特征，并使农业内部的信息流得到了延展和深化。农业是产生大数据的无尽源泉，也是大数据应用的广阔天地。农业数据涵盖面广、数据源复杂。关于热带农业大数据，顾名思义，就是运用大数据理念、技术和方法，解决热带农业或涉农领域数据的采集、存储、计算与应用等一系列问题，是大数据理论和技术在热带农业上的应用和实践。热带农业大数据是大数据理论和技术的专业化应用，除了具备大数据的公共属性，必然具有农业数据自身的特点。通常所讲到的农业，实际上应涵盖农村、农业和农民三个层面，具有涵盖区域广、涉及领域和内容宽泛、影响因素众多、数据采集复杂、决策管理困难等特点。狭义的农业生产是指种植业，包括生产粮食作物、经济作物、饲料作物和绿肥等农作物的生产活动等，不仅涉及耕地、播种、施肥、杀虫、收割、存储、育种等作物生产的全过程各环节，而且还涉及跨行业、跨专业、跨业务的数据分析与挖掘，以及结果的展示与应用，乃至整个产业链的资源、环境、过程、安全等监控与决策管理等。广义的农业生产是指包括种植业、林业、畜牧业、渔业和副业五种产业形式，均应该包含在农业大数据研究的范畴中。随着精准农业、智慧农业、物联网和云计算的快速发展要求，农业数据也呈现出爆炸式的增加，数据从存储到挖掘应用都面临巨大挑战。物联网在农业各领域的渗透已经成为农业信息技术发展的必然趋势，也必将成为农业大数据最重要的数据源。大量的农业工作者和管理者，既是大数据的使用者，也是大数据的制造者。由于农业自身的复杂性和特殊性，农业数据必将从基于结构化的关系型数据类型，向半结构化和非结构化数据类型转变。相对于采用二维表来逻辑表达的关系型数据结构，农业领域更多的是非结构化的数据，如大量的文字、图表、图片、动画、语音/视频等形式的超媒体要素，以及专家经验和知识、农业模型等。大量事实已经证明，非结构化数据呈现出快速增长的势头，其数量已大大超过结构化数据。尤其是农业生产过程的主体是生物，易受外界环境和人的管理等因素影响，存在多样性和变异性、个体与群体差异性等，都决定了对数据的采集、挖掘与分析应用的难度。如何挖掘数据价值、提高数据分析应用能力、减少数据冗余和数据垃圾，是农业大数据面临的重要课题。

15.1.1 农业大数据的特性

农业大数据的特性满足大数据的五个特性，一是数据量大（volume）、二是处理速度快（velocity）、三是数据类型多（variety）、四是价值大（value）、五是精确性高（veracity）。对于中国的 8 亿农民、18 亿亩耕地、186 万个乡村来说，所产生的数据量不仅巨大，而且类型丰富。如果能够通过深度挖掘，产生的价值不可估量。但问题如同大数据第二个和第五个特征所说，需要高度精确化、处理速度及时的分析，才能够实现价值的显现。农业大数据的特性包括以下几种。

（1）从领域来看，以农业领域为核心（涵盖种植业、林业、畜牧业等子行业），逐步拓展到相关上下游产业（饲料生产、化肥生产、农机生产、屠宰业、肉类加工业等），并整合宏观经济背景的数据，包括统计数据、进出口数据、价格数据、生产数据，乃至气象数据等。

（2）从地域来看，以国内区域数据为核心，借鉴国际农业数据作为有效参考；不仅包括全国层面数据，还应涵盖省市数据，甚至地市级数据，为精准区域研究提供基础。

（3）从粒度来看，不仅应包括统计数据，还包括涉农经济主体的基本信息、投资信息、股东信息、专利信息、进出口信息、招聘信息、媒体信息、GIS 坐标信息等。

（4）从专业性来看，应分步实施，首先是构建农业领域的专业数据资源，其次应逐步有序规划专业的子领域数据资源，例如针对畜品种的生猪、肉鸡、蛋鸡、肉牛、奶牛、肉羊等专业监测数据。

15.1.2 农业大数据的类型

根据农业的产业链条划分，目前农业大数据主要集中在农业环境与资源、农业生产、农业市场和农业管理等领域。

（1）农业自然资源与环境数据。主要包括土地资源数据、水资源数据、气象资源数据、生物资源数据和灾害数据。

（2）农业生产数据包括种植业生产数据和养殖业生产数据。其中，种植业生产数据包括良种信息、地块耕种历史信息、育苗信息、播种信息、农药信息、化肥信息、农膜信息、灌溉信息、农机信息和农情信息；养殖业生产数据主要包括个体系谱信息、个体特征信息、饲料结构信息、圈舍环境信息、疫情情况等。目前，广西慧云信息所做的农业大数据主要是在种植方面，其智慧农业云平台可以自动采集农田数据以及实时视频，通过云端发送到用户手机上，用户可以直观快速准确了解农田情况，为农业生产带来了便利与高效。

（3）农业市场数据包括市场供求信息、价格行情、生产资料市场信息、价格及利润、流通市场和国际市场信息等。

（4）农业管理数据主要包括国民经济基本信息、国内生产信息、贸易信息、国际农产品动态信息和突发事件信息等。

15.1.3 大数据在农业中的作用概览

预计到 2050 年，世界人口将达到 90 亿。为此，全球粮食产量必须增加 70%，才能够养活这个世界。同时，随着新兴经济体生活水平的提高，对肉类的需求也会增加，这就需要更大量的土地来提供动物饲料。然而，全球的耕作用地总量是有限的，因此要怎样养活这些人口对农民而言无疑是巨大的负担。2014 年 3 月，在联合国政府间气候变化专门委员会（IPCC）发布的一系列报告中，粮食安全成为一个备受关注的领域。许多农场技术专家认为，大数据这项新技术来得正当时。通过大数据分析与研究，农民能够预测最佳播种时间、用什么类型的种子以及在哪里种植，以提高产量、降低运营成本，并尽量减少对环境的影响。未来的粮食安全依赖于强健且适应性强的植物与动物性作物的生产及发展，因此让大数据这个沉睡的"巨人"充分发挥在农业中的潜力就变得至关重要，也刻不容缓。

农民熟知自己的每寸土地，从作物每一寸的生长，到可能破坏作物的虫害，再到风、雨、雪、霜、热和灰尘。但毕竟，他的能力是有限的。很多时候，农民没有足够的人力或资本来利用他所收集的数据来做事情。在近几十年的高科技热潮中，农业世界已经悄然引入了数据聚合技术。比如在农用机械中整合内置的数据系统，在谷仓或联合收割机中启用无线网络，而一些大型农场开始使用软件来管理业务。

生产是农业产业中最最重要的词。据统计，在过去的将近 70 年间，美国的农业产量增加了一倍多，平均每年大约增长 1.5%。但是，这还远远不够，因为在每个农民的脑海中，或者是每个农业产业人的脑海中，都会时刻想着如何养活在 2050 年将会高达 90 亿的人口。可耕地的减少和管理法规要求的增加，都迫使农民要"少花钱多办事"，使用更少的化学品，并采用非常精确的施肥方式，从而取得更高的产量。这也正是为什么杂交种子会有吸引力，为什么大农业公司会取得胜利，为什么在新的水平上追踪数据具有革命性意义的原因。随着全球人口的增加，天气波动性的增长，以及依赖石油的农业对化石燃料的价格越来越敏感，必然会激励更多地利用新技术来提高作物产量，并管理风险。围绕着基因组学、生物信息学以及计算生物学的研究活动都已经取得了重大进展，使得科学家和组织能够更好地养活全世界，并提高食品和动物、作物的质量。这些研究都涉及庞大的数据集和计算分析。那么，在这样一个生态系统中，大数据的作用是什么？

首先，也是最重要的，农民需要测量和了解数量巨大、种类多样的数据所能带来的影响，因为这些数据驱动着他们的耕地整体质量与产量。这些数据包括当地的天气数据、GPS 数据、土壤细节、种子、化肥和作物保护剂规格等。充分利用这些数据进行长期和短期模拟，以应对气候变化、市场需求或其他参数造成的"事件"，对要实现利润最大化的农民而言不可或缺。同时，从监管的角度来看，在整个供应链跟踪并追溯产品，或是实行原产国标签，无疑是额外的大数据挑战。

其次，种子、植物保护剂和肥料的供应商需要接收所有的这些数据，将其放入统一的模型中，并使用专用算法，以便向农民提供尽可能最好的解决方案和服务。

最后，农业机械制造商是整个价值链的另一个重要组成部分。他们不仅需要确保其资产能在最低成本保持最长的正常运行时间，还要支持移动数据采集（如土壤样本、水分监视器和传感器、田间作物的颜色、生长速率、天气破坏、营养水平、农作物品种等），并能让这些信息在价值链内被实时获取，以进行进一步的处理。

除了农民、农业企业、供应商和农业机械制造商以外，气象站和实验室、贸易商和行业合作伙伴、技术和解决方案提供商等也是这个日益复杂的生态系统的一部分，他们对来自无数信息源的大数据也有巨大的需求。这就需要向农业供应网络中的所有利益相关者提供一个独立的、以大数据为手段的、值得信赖并且安全的平台，让他们在支持精准农业的概念时，能够互惠互利地放置、分享和交换数据。同时，这一平台应该简化并协调农民和与其有共同最终目标的各个利益相关者之间的合作，不断推动产量提高，并可持续地养活世界上不断增长的人口。使用现代化的机器，就意味着很难摆脱大数据。可以说，数据科学是农业新的推动力。在农业支出中，大约有 2/3 是侧重于做出选种、繁殖和土地使用权的决策。而有大量的数据会影响这些决策。现在新的数据采集技术，比如航空影像等，具有很高的价值。对农民来说，考虑使用他们收集的对自己有利的信息非常重要。

15.2　热带农业大数据的主要应用

一切与农业相关的数据，包括上游的种子、化肥和农药等农资研发，气象、环境、土地、土壤、作物、农资投入等种植过程数据，下游的农产品加工、市场经营、物流、农业金融等数据，以及土地资源数据、水资源数据、气象资源数据、生物资源数据等资源数据；有种子、化肥、农药、苗木、地、水利、农机等种植业数据，也有仔猪、饲料、圈舍、疫情等养殖业数据；有市场供求数据、行情数据；有国内生产数据和国际农产品动态数据。都属于农业大数据的范畴，贯穿整个产业链。农业大数据之所以大而复杂，是由于农业是带有时间属性和空间属性的行业，因而需要考虑多种因素在不同时间点和不同地域对农业的影响。

图 15-1　大数据应用示意

15.2.1　热带农业大数据的应用领域

从农业市场需求来看，农业大数据可以用于指导农事生产、预测农产品市场需求、辅助农业决策，以此达到规避风险、增产增收、管理透明等预期目标。

从农业生产环节来看，农业大数据可以利用传感器采集气候、土壤大数据，提供农户最佳化的栽种管理决策，协助农民有效管理其农地，并让农民从每一颗种子中获取最高的价值，降低农业成本。

从农业整体走向来看，通过分析实时环境数据，可以得到农作物当前的长势、地块信息等；通过算法模型可以预测未来环境趋势走向，可以得到精确的未来气候走向、病虫害趋势等；通过分析环境数据整体走向，可以得到精确种植建议、管理指导。基于目前农业信息技术主要应用领域和产生大数据的主要来源分析，大数据的主要应用领域包括以下几个方面。

（1）生产过程管理数据：设施种植业、设施养殖业（畜禽和水产等）、精准农业等。提高整个生产过程的精准化监测、智能化决策、科学化管理和调控，是农业信息化的紧迫任务。

（2）农业资源管理数据：土地资源、水资源、农业生物资源、生产资料等。我国农业资源紧缺，生态环境与生物多样性退化，要在摸清家底的基础上，进一步优化配置、合理开发，实现农业高产优质、节能高效的可持续发展。

（3）农业生态环境管理数据：土壤、大气、水质、气象、污染、灾害等。需要进行全面监测、精准管理。

（4）农产品与食品安全管理大数据：产地环境、产业链管理、产前产中产后、储藏加工、市场流通领域、物流、供应链与溯源系统等。

（5）农业装备与设施监控大数据：设备和实施工况监控、远程诊断、服务调度等。

（6）各种科研活动产生的大数据，如大量的遥感数据，包括空间与地面数据；大量的生物实验数据，如基因图谱、大规模测序、农业基因组数据、大分子与药物设计等。

在上述应用中，关键是农业环境与资源、农业生产过程、农业产品安全、农业市场和消费的监测和预测等。

15.2.2 热带农业大数据的应用类型

大数据是信息化发展的新阶段。对此，我们应审时度势、精心谋划、超前布局，推动实施国家大数据战略，加快完善数字基础设施建设。

其中，推进农业大数据发展应用是一个重要方向，是建设农业农村现代化、实施乡村振兴战略的有力抓手。必须紧跟大数据时代步伐，抓紧推动农业大数据建设，以此牵引农业农村信息化发展，抢占农业农村现代化的制高点，推动我国从农业大国走向农业强国。通过发挥大数据在农业农村发展中的重要功能和巨大潜力，有利于提高农业生产精准化、智能化水平，推进农业资源利用方式转变，也有利于推进农产品供给侧与需求侧的结构改革，提高农业全要素的利用效率。

（1）大数据加速作物育种。传统的育种成本往往较高，工作量大，需要花费十年甚至更久的时间。而大数据加快了此进程。生物信息爆炸促使基因组学研究实现突破性进展。首先，获得了模式生物的基因组排序；其次，实验型技术可以被快速应用。

过去的生物调查习惯于在温室和田地进行，现在已经可以通过计算机运算进行，海量的基因信息流可以在云端被创造和分析，同时进行假设验证、试验规划、定义和开发。在此之后，只需要有相对很少一部分作物经过一系列的实际大田环境验证。这样以来育种家就可以高效确定品种的适宜区域和抗性表现。这项新技术的发展不仅有助于更低成本更快的决策，而且能探索很多以前无法完成的事。

传统的生物工程工具已经研究出具有抗旱、抗药、抗除草剂的作物。通过持续发展，将进一步提高作物质量、减少经济成本和环境风险。作物开发出的新产品将有利于农民和消费者，如高钙胡萝卜、抗氧化剂番茄、抗敏坚果、抗菌橙子、节水型小麦、含多种营养物质的木薯等（图15-2）。

图15-2 生物工程育种示意

（2）以数据驱动的精准农业操作（图15-3）。农业很复杂，作物、土壤、气候以及人类活动等各种要素相互影响。在近几年，种植者通过选取不同作物品种、生产投入量和环境，在上百个农田、土壤和气候条件下进行田间小区试验，就能将作物品种与地块进行精准匹配。

如何获得环境和农业数据？通过遥感卫星和无人机可以管理地块和规划作物种植适宜区，预测气候、自然灾害、病虫害、土壤墒情等环境因素，监测作物长势，指导灌溉和施肥，预估产量。随着GPS导航能力和其他工业技术的提高，生产者们可以跟踪作物流动，引导和控制设备，监控农田环境，精细化管理整个土地的投入，大大提高了生产力和盈利能力。数据快速积累的同时，如果没有大数据分析技术，数据将会变得十分庞大和复杂。数据本身并不能创造价值，只有通过有效分析，才能帮助种植者做出有效决策。曾在美国航空航天局从事多年遥感数据分析的张弓博士指出，"大数据分析的技术核心是机器学习，快速、智能化、定制化地帮助用户获取数据，获得分析结果，进而做出种植决策，提高设施和人员使用效率。机器学习的另一个好处是，随着数据不断积累，分析算法将更准确，帮助农场做出更准确的决策。"张弓博士2016年回国成立佳格数据，致力于通过遥感获取农业数据，帮助客户"知天而作"，利用气象、环境等数据来支持农业种植及上下游的决策。

图15-3　精准农业操作示意

（3）大数据实现农产品可追溯（图15-4）。跟踪农产品从农田到顾客的过程有利于防止疾病、减少污染和增加收益。当全球供应链越来越长，跟踪和监测农产品的重要性也越来越强。大数据可以在仓库储存和零售商店环节提高运营质量。食品生产商和运输商使用传感技术、扫描仪和分析技术来监测和收集产业链数据。在运输途中，通过带有GPS功能的传感器实时监测温度和湿度，当不符合要求时会发出预警，从而加以校正。

销售点扫描能够在有问题或者需要召回食品，甚至在产品卖出后也可以采取即时、高效的应对措施。基因组工具和大数据分析技术也被用于发现以食物为传播载体的病菌的传播规律，进而预测暴发期。此类病菌的威力不可小觑，据调查，仅在美国每年就造成7 600万人口感染，5 000人死亡。同时，大数据可以减少产业链过程中的浪费现象，在发达国家市场中 40% 的食物都被丢弃, 其中包括 10%~15% 的农产品。

图 15-4　食品追溯示意

(4) 大数据重组供应链。近年来, 随着我国信息化的不断推进, 农业数据开放共享的基础环境不断优化, 形成了一批开放共享的平台和系统, 但是总体来说, 农业数据共享总量有限, 水平亟须提高。要加快实现农业大数据在农业生产领域里的生产、经营、销售上发挥作用, 需要相关部门密切合作, 出台一系列的措施, 比如加强数据共享的顶层设计、完善数据共享的技术体系、制定共享的内容标准、探索农业信息的发布机制等。

当前, 我国农业既受到价格"天花板"和成本"地板"的双重挤压, 又面临补贴"黄箱"和资源环境"红灯"的双重约束。当务之急则要加快转变农业发展方式, 走产出高效、产品安全、资源节约、环境友好的现代农业发展道路。

而按照农业大数据的发展路径, 通过发展农业信息化, 实现农业产业链、价值链、供应链的联通 (图 15-5), "三链"联通, 成为现代农业"破壁"前行的主要抓手。许多传统、安于现状的公司不能及时通过新技术来做出改变, 因为快速变化需要公司文化、风格和运营方式给予支持。大型农业企业拥有大量的研发经费和机制, 促使他们较容易地运用复杂技术开发出新产品。另外, 对大部分公司的另一个挑战是复杂的定价策略不断演化, 涉及层层分销商、经销商、打包销售、返利折让等一系列过程, 造成产业链过程中价格不透明。谁能掌握此先机, 谁就掌握了市场的主动权。

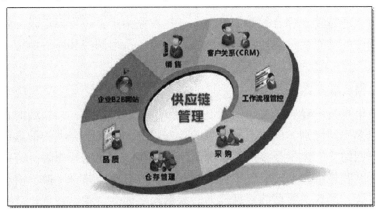

图 15-5　供应链整合示意

（5）整合大数据加强农资监管。春耕夏播秋收，田间地头的农家事关系着国计民生。针对当前农资市场的新变化和农业生产的新形式，正在积极探索探索利用大数据、云计算、物联网等信息技术加强农资市场的监督管理，提高假冒伪劣农资的发现追溯能力，实现农资来源可查、去向可追、责任可究的新型监管体系。大数据云计算被寄予厚望"面对时刻变动的海量农资信息，要实现有效监管，就应该充分发挥大数据、云计算等现代信息技术，构建监管的有效网络"。

农资监管平台实现监管人员在监管执法过程中能实时与监管服务器实现信息查询和数据交互，建立移动办公平台，提高监管工作效率；实现监管执法信息的公共服务功能，建立信息查询与推送平台，为农资企业提供监管执法信息、企业管理培训、市场管理指导等信息服务和教育培训服务，为消费者提供企业信息、产品信息、信用监管、信息检索查询和投诉举报服务，构建农资市场的"监管执法+信息服务"的长效监管新模式，改善执法手段，提高农资监管基层人员执法办案能力，规范农资市场秩序，保障农业生产和农产品质量安全，切实维护农民的合法权益。

15.3　热带农业大数据的主要任务

云计算、物联网、大量社交网络的兴起使我们社会的数据种类和数量都呈井喷式增长，大数据时代已经到来。农业信息化是现代农业建设的重要内容，农业物联网等在农业产业发展中的应用日渐深入。在大数据背景下，大数据分析也为农业信息化提供了技术支持。农业大数据是指以大数据分析为基础，运用大数据的理念、技术及方法来处理农业生产销售整个链条中所产生的大量数据，从中得到有用信息以指导农业生产经营、农产品流通和消费的过程。主要任务如下。

15.3.1　推进农业大数据技术的创新与应用实践

结合国家农业现代化和农业信息化发展战略，突破农业大数据的一些关键技术，谋划和凝练一批农业大数据的示范和应用项目，将大数据提升到与物联网和云计算同等重要的地位，抢占大数据这一新时代信息化技术制高点，推进智慧农业不断发展。在市场经济条件下，农业的分散经营和生产模式，使得在参与市场竞争中对信息的依赖性比任何时候都更加重要：信息和服务的滞后性，往往对整个产业链产生巨大的负面影响。由于市场经济的特点，农业生产很难在全国范围内形成统一规划，致使农业生产受市场波动影响颇大，而且农业生产很多方面是依靠感觉和经验，缺少量化的数据支撑。大数据时代，不仅可以通过建立综合的数据平台，调控农业生产，还可以记录分析农业种养过程、流通过程中的动态变化，通过分析数据，制定一系列调控和管理措施，使农业高效有序发展。

15.3.2　优化整合农业数据资源

我国农业信息技术经历了多年的发展，研发了涵盖多层面、多领域的农业信息化系统，构建了很多不同级别、面向不同领域的数据资源，形成了庞大的信息资源财富。我国大量的涉农网站，汇集了很多信息资源。但由于体制和利益等原因，这些数据相互之间缺乏统一标准和规范，在功能上不能关联互补、信息不能共享互换、信息与业务流程和应用相互脱节，形成了所谓的信息孤岛。数据缺乏标准、难以共享，必然导致低水平重复建设、数据利用率低、信息资源凌乱分散和大量冗余等。基于云计算构架和大数据技术，整合数据资源、规范数据标准、统一标识和规范协议等，实现计算资源虚拟化建设，是消除数据鸿沟、发展农业大数据资源的关键所在，否则就构不成大数据，就会成为无源之水、无本之木，造成"巧妇难为无米之炊"的困境。通过构造虚拟化技术平台，实现 IT 资源的逻辑抽象和统一表示，将在大规模数据中心管理和解决方案交付方面发挥巨大的作用，是支撑云存储和云计算系统的基石。

15.4　热带农业大数据的关键技术

15.4.1　农业大数据的采集

数据采集是农业大数据价值挖掘最重要的一环，其后的集成、分析、管理都构建于采集的基础上。大数据的来源方式主要有 RFID 射频数据、传感器数据、社交网络交互数据及移动互联网数据等方式。农业物联网的应用使得农业大数据的来源方式更侧重于RFID 射频数据和传感器数据。农业大数据采集主要包括农业数据传感体系、网络通信体系、传感适配体系、智能识别体系及软硬件资源接入系统，实现对结构化、半结构化、非结构化的海量数据的智能化识别、定位、跟踪、接入、传输、信号转换、监控、初步处理和管理等。农业大数据的采集主要与数据采集技术、传感器技术、信号处理技术等几个方面有关。

15.4.2　农业大数据的集成技术

大数据的来源方式十分广泛，这就导致数据类型极为复杂，农业大数据的数据类型不再是关系型数据库时期的结构化数据，而是转变为结构化数据、半结构化数据和非结构化数据的集合。要想处理农业大数据，就要首先对大数据采集阶段所得到的数据进行预处理，从中提取出关系和实体，经过关联和聚合，采用统一结构来存储这些数据。比如，在农业物联网中的各个传感器终端每天会产生大量数据，这样得到的数据格式可能不一致，或者其格式不是下一步数据分析所需要的，因此就要改变其格式，使其具有统一的结构以方便存储和分析处理。对于大数据，并不是全部有价值，有些数据并不是我们关心的内容，而且有一些数据可能是完全错误的干扰项，因此要对数据通过过滤"去噪"来提取有效数据。在分布式数据集成中，如何屏蔽数据的分布性和异构性，实现数据高效、安全的交换和传输，并保持局部系统的自治性和目标系统的数据完整性，是需要考虑的主要问题。

数据集成技术在传统数据库领域已有了比较成熟的研究。联邦数据库技术、分布式数据库技术、数据仓库技术都为数据集成应用提出了解决的办法。随着新数据源的出现，数据集成方法也在不断发展之中，相继出现了基于 XML 技术的数据集成、基于CORBA 的数据集成、基于 P2P 技术的数据集成、基于 Web Services 技术的数据集成等。总的来说，从数据集成模型来看，现有的数据集成方式可基本上分为 4 种类型：基于物化或 ETL 方法的引擎（materialization or ETL engine）、基于联邦数据库或中间件方法的引擎（federation engine ormediator）、基于数据流方法的引擎（stream engine）及基于搜索引擎（search engine）的方法。

15.4.3　农业大数据的存储和处理技术

农业大数据的存储和处理涉及许多方面，传统的关系数据管理技术经过了长时间的发展，在扩展性方面遇到了巨大的障碍，无法胜任大数据分析的任务；以 MapReduce 为代表的非关系数据管理和分析技术以其良好的扩展性、容错性和大规模并行处理的优势，得到了很大的发展，并逐渐成为大数据处理和存储的主要技术手段。现在已经有以 Hadoop、Map Reduce、HBase 分布式框架为处理平台，构建"农业用户兴趣社交云"的系统。具体来说，农业大数据的主要存储技术有分布式文件系统、分布式数据库等。

15.4.3.1 分布式文件系统

分布式文件系统（distributed file system）是指文件系统管理的物理存储资源不一定直接连接在本地节点上，而是通过计算机网络与节点相连。分布式文件系统的设计基于客户机/服务器模式。一个典型的网络可能包括多个供多用户访问的服务器。另外，对等特性允许一些系统扮演客户机和服务器的双重角色。例如，用户可以"发表"一个允许其他客户机访问的目录，一旦被访问，这个目录对客户机来说就像使用本地驱动器一样，下面是三个基本的分布式文件系统。

计算机通过文件系统管理、存储数据，而信息爆炸时代中人们可以获取的数据成指数倍的增长，单纯通过增加硬盘个数来扩展计算机文件系统的存储容量的方式，在容量大小、容量增长速度、数据备份、数据安全等方面的表现都差强人意。分布式文件系统可以有效解决数据的存储和管理难题：将固定于某个地点的某个文件系统，扩展到任意多个地点/多个文件系统，众多的节点组成一个文件系统网络。每个节点可以分布在不同的地点，通过网络进行节点间的通信和数据传输。人们在使用分布式文件系统时，无须关心数据是存储在哪个节点上或者是从哪个节点上获取的，只需要像使用本地文件系统一样管理和存储文件系统中的数据。

文件系统最初设计时，仅仅是为局域网内的本地数据服务的。而分布式文件系统将服务范围扩展到了整个网络。不仅改变了数据的存储和管理方式，也拥有了本地文件系统所无法具备的数据备份、数据安全等优点。判断一个分布式文件系统是否优秀，取决于以下三个因素。

（1）数据的存储方式。例如有 1 000 万个数据文件，可以在一个节点存储全部数据文件，在其他 N 个节点上每个节点存储 $1\,000/N$ 万个数据文件作为备份；或者平均分配到 N 个节点上存储，每个节点上存储 $1\,000/N$ 万个数据文件。无论采取何种存储方式，目的都是为了保证数据的存储安全和获取方便。

（2）数据的读取速率。包括响应用户读取数据文件的请求、定位数据文件所在的节点、读取实际硬盘中数据文件的时间、不同节点间的数据传输时间以及一部分处理器的处理时间等。各种因素决定了分布式文件系统的用户体验。即分布式文件系统中数据的读取速率不能与本地文件系统中数据的读取速率相差太大，否则在本地文件系统中打开一个文件需要 2 s，而在分布式文件系统中各种因素的影响下用时超过 10 s，就会严重影响用户的使用体验。

（3）数据的安全机制。由于数据分散在各个节点中，必须要采取冗余、备份、镜像等方式保证节点出现故障的情况下，能够进行数据的恢复，确保数据安全。

15.4.3.2 分布式数据库

分布式数据库是计算机网络技术与传统的集中式数据库技术相结合的产物，除继承了传统的集中式数据库的特点外，还具有其自身的特点。分布式数据库系统是指物理上分布的，但逻辑上却是集中的数据库系统。分布式数据库系统通常使用较小的计算机系统，每台计算机可单独放在一个地方，每台计算机中都可能有 DBMS 的一份完整拷贝副本，或者部分拷贝副本，并具有自己局部的数据库，位于不同地点的许多计算机通过网络互相连接，共同组成一个完整的、全局的逻辑上集中、物理上分布的大型数据库。分布式数据库是指利用高速计算机网络将物理上分散的多个数据存储单元连接起来组成一个逻辑上统一的数据库。

分布式数据库的基本思想是将原来集中式数据库中的数据分散存储到多个通过网络连接的数据存储节点上，以获取更大的存储容量和更高的并发访问量。近年来，随着数据量的高速增长，分布式数据库技术也得到了快速的发展，传统的关系型数据库开始从集中式模型向分布式架构发展，基于关系型的分布式数据库在保留了传统数据库的数据模型和基本特征下，从集中式存储走向分布式存储，从集中式计算走向分布式计算。另一方面，随着数据量越来越大，关系型数据库开始暴露出一些难以克服的缺点，以 No-SQL 为代表的非关系型数据库，其高可扩展性、高并发性等优势出现了快速发展，一时间市场上出现了大量 key-value 存储系统、文档型数据库等 NoSQL 数据库产品。NoSQL 类型数据库正日渐成为大数据时代下分布式数据库领域的主力。这种组织数据库的方法克服了物理中心数据库组织的弱点。

（1）分布式数据库的优点。首先，降低了数据传送代价。因为大多数的对数据库的访问操作都是针对局部数据库的，而不是对其他位置的数据库访问。其次，系统的可靠性提高了很多。因为当网络出现故障时，仍然允许对局部数据库的操作，而且一个位置的故障不影响其他位置的处理工作，只有当访问出现故障位置的数据时，在某种程度上才受影响。最后，便于系统的扩充。增加一个新的局部数据库，或在某个位置扩充一台适当的小型计算机，都很容易实现。然而有些功能要付出更高的代价。例如，为了调配在几个位置上的活动，事务管理的性能比在中心数据库时花费更高，而且甚至抵消许多其他的优点。

（2）分布式数据库的特征。大数据时代，面对海量数据量的井喷式增长和不断增长的用户需求，分布式数据库必须具有如下特征，才能应对不断增长的海量数据。①高可扩展性：分布式数据库必须具有高可扩展性，能够动态地增添存储节点以实现存储容量的线性扩展。②高并发性：分布式数据库必须及时响应大规模用户的读/写请求，能对海量数据进行随机读/写。③高可用性：分布式数据库必须提供容错机制，能够实现对数据的冗余备份，保证数据和服务的高度可靠性。

15.4.3.3 云计算技术

云计算（cloud computing）是基于互联网的相关服务的增加、使用和交付模式，通常涉及通过互联网来提供动态易扩展且经常是虚拟化的资源。云是网络、互联网的一种比喻说法。过去在图中往往用云来表示电信网，后来也用来表示互联网和底层基础设施的抽象。云计算技术是一种可以调用的虚拟化的资源池，这些资源也可以根据负载动态重新配置，以达到最优化使用的目的。用户和服务提供商事先约定服务等级协议，用户以用时付费模式使用服务。云计算从用户的角度来说，就是一台机器很难满足任务繁重的工作，通过网络把世界各个地方的计算机联合起来，将繁重的工作分解，通过各种技术轻松地解决问题。云计算技术体系结构分为 4 层：物理资源层、资源池层、管理中间件层和 SOA 构建层，如图 15-6 所示。物理资源层包括计算机、存储器、网络设施、数据库和软件等；资源池层是将大量相同类型的资源构成同构或接近同构的资源池，如计算资源池、数据资源池等。构建资源池更多是物理资源的集成和管理工作。例如，研究在一个标准集装箱的空间如何装下 2 000 个服务器、解决散热和故障节点替换的问题并降低能耗；管理中间件负责对云计算的资源进行管理，并对众多应用任务进行调度，使资源高效、安全地为应用提供服务；SOA 构建层将云计算能力封装成标准的 Web Services 服务，并纳入 SOA 体系进行管理和使用，包括服务注册、查找、访问和构建服务工作流等。管理中间件和资源池层是云计算技术的最关键部分，SOA 构建层的功能更多依靠外部设施提供。

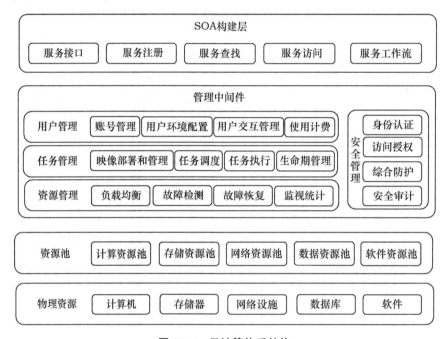

图 15-6 云计算体系结构

云计算的管理中间件负责资源管理、任务管理、用户管理和安全管理等工作。资源管理负责均衡地使用云资源节点，检测节点的故障并试图恢复或屏蔽之，并对资源的使用情况进行监视统计；任务管理负责执行用户或应用提交的任务，包括完成用户任务映象（image）的部署和管理、任务调度、任务执行、任务生命期管理等；用户管理是实现云计算商业模式的一个必不可少的环节，包括提供用户交互接口、管理和识别用户身份、创建用户程序的执行环境、对用户的使用进行计费等；安全管理保障云计算设施的整体安全，包括身份认证、访问授权、综合防护和安全审计等。

15.5 热带农业大数据带来的思维转变

通过大数据，我们能够认识复杂系统的新思维，促进经济转型，提升国家综合能力，保障国家安全等。所谓大数据，是信息化到一定阶段之后必然出现的一个现象，主要是由于信息技术的不断廉价化，以及互联网及其延伸所带来的无处不在的信息技术应用所带来的自然现象。基本上，大数据有四个驱动力，即摩尔定律所驱动的指数增长模式；技术低成本化驱动的万物的数字化；宽带移动泛在互联驱动的人机物广联连接；云计算模式驱动的数据大规模的汇聚。

当前，大数据开启了信息化的第三波浪潮。大体上能够看到两个明显的阶段划分，一个是从 PC 机进入市场带来的信息化的第一拨浪潮，这个浪潮差不多到 20 世纪 90 年代中期，这个时候的主要特征是单机应用为特征的数字化。过去的 20 年来，从 20 世纪 90 年代中期到现在，是以互联网应用为特征的网络化。现在我们正在进入新的阶段，即以数据的深度挖掘和融合应用为特征的智慧化。

伴随着 SNS、移动计算和传感网等新技术不断产生，进入大数据时代的人们，思维方式时刻发生着重要的变化。研究与分析某个现象时，将依赖使用全部数据而非抽样数据；不需要一味地追求数据的精确性，但要适应数据的多样性、丰富性，甚至接受错误的数据也很有价值；应用大数据技术之所以存在巨大的魅力，其关键是使人们有可能从支离破碎的、看似冗余和无序的、毫不相干的海量数据矿渣（垃圾）中抽炼出真知灼见，从中产生大智慧。随着大数据技术的发展，人们的思维方式、工作方式等必将发生重大变化。人们通过对大数据的分析，更容易获得或更关注的是事件产生的结果（是什么），而不是产生的原因（为什么）。对数据之间的相关性分析，胜于对因果关系的探索，当然对相关性有足够的了解，必然促进对因果关系的认知。资深物联网小镇运营专家刘丙华等认为，大数据的发展除了继承了统计科学的一些特点，但又不同于传统的逻辑推理研究，而是对数量巨大的数据做统计性的搜索、比较、聚类和分类等分析归纳。或许正是由于统计方法层面对大数据处理时的"力不从心"，才促使数据挖掘和大数据处理技术在商业领域有了更广泛的应用。企业的目标是追逐利润，一般而言，企业收集和处理大数据，不需要按照"从数据到信息再到知识和智慧"的研究思路，而是走"从数据直接到价值"的捷径。大数据应用最典型的案例是谷歌公司的"流感预报"，他们对基于每天来自全球的 30 多亿条搜索指令设立了一个系统，这个系统在 2009 年甲型流感暴发之前就开始对美国各地区成功地进行"流感预报"和"谷歌流感趋势"服务。阿里巴巴也有海量的数据，应用大数据技术，整合阿里旗下所有电商模式的"基石"——形成大数据平台，成为大数据商务应用的典范。大数据的这种特性必然更适合在农业上的应用：农业生产周期长、影响因子复杂，要了解其因果关系也许十分困难，但通过大数据技术可获得相关信息，指导如何按照需要去实施，就可能保证农业的正常生产与发展。可以预料，未来的农业大数据将发挥更大的作用，基于当地多年的气象信息、作物与土壤信息、管理信息、市场流通与消费等信息，经过数据统计、案例对比和模式判别等，将提供更加智慧的农业服务。

15.6　大数据对热带农业发展的重要意义

用大数据改造传统热带农业、装备热带农业是实现热带农业现代化发展的重要途径。大数据是现代信息技术的新生力量，是推动信息化与农业现代化融合的重要切入点，也是推动我国热带农业向"高产、优质、高效、生态、安全"发展的重要驱动力。大数据可将获取的农业资源环境、动植物生长等数据进行存储和加以分析，通过对农业生产过程的动态模拟和对生长环境因子的科学调控，达到合理使用农业资源、降低成本、改善环境、提高农产品产量和质量的目的。

在国家大力推动信息消费的背景下，大数据将开辟农业领域的信息消费市场。一方面，在未来农业信息化发展的趋势下，农民可以依靠农业大数据提供的相关信息及应用系统，安排相应的生产和销售计划。另一方面，政府担负着对农业进行指导和管理的重要责任，如何合理科学地调配资源将十分依赖农业大数据的分析结果及应用。

15.6.1 数据是新型生产要素和社会财富

我国大数据发展和应用已取得显著成效，与世界发达国家的差距明显缩小，成为全球第二大数字经济体。据统计，2016 年，我国数字经济总量达到 22.58 万亿元，占 GDP 的比重达 30.3%，成为经济增长的新动能。经过 20 多年的快速发展，我国互联网从无到有、从小到大、由弱到强。截至 2017 年 6 月，我国网民规模达到 7.51 亿人，互联网普及率达 54.3%，超过世界平均水平 4.6 个百分点。截至目前，大数据还没有一个统一、准确、权威的定义，但国际上已经达成了基本共识。从定义内涵看，麦肯锡认为，大数据是指规模超过现有数据库工具获取、存储、管理和分析能力的数据集，并同时强调并不是超过某个特定数量级的数据集才是大数据；美国国家标准与技术研究院认为，大数据是指具备海量、高速、多样、可变等特征的多维数据集，需要通过可伸缩的体系结构实现高效的存储、处理和分析；我国《促进大数据发展行动纲要》认为，大数据是以容量大、类型多、存取速度快、应用价值高为主要特征的数据集合，正快速发展为对数量巨大、来源分散、格式多样的数据进行采集、存储和关联分析，从中发现新知识、创造新价值、提升新能力的新一代信息技术和服务业态。

从发展进程看，大数据是互联网延伸及物联网、移动互联网、云计算等现代信息技术低成本化驱动的自然现象。从应用方式看，大数据正在创新甚至颠覆传统统计方法，由过去的随机样本变为全体数据，由精确求解变为近似求解，由因果关系变为关联关系。应用超前于理论。从运用价值看，大数据是认识复杂系统的新思维新手段，是促进经济转型增长的新引擎，是提升国家综合能力和保障国家安全的新利器，是提升政府治理能力的新途径。大数据的核心功能在于预测。从战略意义看，数据是新型生产要素和社会财富，具有取之不尽、用之不竭、越用越有价值的特性。

大数据已成为国家重要的基础性战略资源，是新的基础设施。工业时代的"铁公机"带来的是"乘数效应"，而大数据带来的将是"幂数效应"，对适应把握引领经济发展新常态、推进供给侧结构性改革、建设现代化经济体系、实现国家治理体系和治理能力现代化具有极其重要的意义。

15.6.2 大数据的发展拉动农业产业链

运用地面观测、传感器和 GPRS 信息技术等，加强农业生产环境、生产设施和动植物本体感知数据的采集、汇聚和关联分析，完善农业生产进度智能监测体系，加强农业数据实时监测与分析，提高农业生产管理、指挥调度等数据支撑能力。同时，推进农业大数据技术在种植、畜牧和渔业等关联产业生产中的应用，拉动农业产业整体内需，从农业生产到农业市场、农产品管理，农业大数据将会大幅提高农业整条产业链的效率。

通过农业大数据的利用，实行产销一体化，将农业生产资料供应，农产品生产、加工、储运、销售等环节链接成一个有机整体，并对其中人、财、物、信息、技术等要素的流动进行组织、协调和控制，以期获得农产品价值增值。打造农业产业链条，不但有利于增强农业企业的竞争能力，增加农民收入和产业结构调整，而且有助于农产品的标准化生产和产品质量安全追溯制度的实行。

15.7 热带农业大数据发展的挑战与困难

由于热带农业自身的复杂性和特殊性，对农业数据的采集、分析、应用等较为困难。从类型和数量上看，农业大数据涉及水、土、光、热、气候资源，作物育种、种植、施肥、植保、过程管理、收获、加工、存储、机械化等各环节，复杂的数据构成再加上广阔的国土面积使得开展相关工作十分困难。另外，随着农业科技创新及物联网的广泛应用，新型的非结构化、非关系型的数据结构大量涌现，传统的农业数据存储与处理架构正面临更大的挑战。当前我国农业大数据的基础设施建设薄弱，相关分析与应用工作开展严重受限。其一，广大农村地区的农业信息化发展缓慢，农业基础数据的采集设备布局严重不足，从而导致处于农业大数据前端的数据信息采集渠道不顺畅。其二，专业性较强的农业大数据系统平台应用与普及程度较低，使得当前相关研究普遍存在着"只有数据、没有利用"的问题，同时还造成无法进行数据资源横向或纵向的共享。专业从事农业大数据推广与服务的人才储备不足，农民及基层政府工作人员对农业大数据的效用认知不到位。农业大数据作为传统产业与新兴产业高度融合的领域，一般人员无法在短期内快速介入相关工作，急需一批既懂农业又懂大数据的复合型人才参与推广和服务工作。面对的困难主要有以下几方面。

15.7.1 农业大数据的异构性

农业大数据的来源不同，有的来自物联网中的射频设备，有的来自农业信息化的网站，有的来自各种先进的移动终端等，这就导致数据类型从以结构化数据为主转向结构化、半结构化、非结构化三者的融合。怎样将这些异构的数据进行统一的存储，怎样运用分析手段来统一分析这些异构的数据，将是值得深究的问题。

15.7.2 农业大数据的实时性

随着时间的流逝，数据中所蕴含的知识价值往往也在衰减，因此实时性也是农业大数据分析过程中必须考虑的问题。尤其是在与天气、环境状况相关的数据分析方面，大数据的分析不及时可能会导致农业生产灾害的发生。由于数据量的密集，能否在所能忍受的时间内完成指定工作也成为衡量大数据分析的指标。解决这个问题的一个途径是采用流处理与批处理相结合的数据处理模式。

15.7.3 农业大数据的挖掘能力

农业大数据的异构性导致农业数据的类型多种多样，并且由于数据集过大，使得传统的数据挖掘、机器学习等算法不再适用于对农业大数据的挖掘。因为现有算法往往是用于常驻的小数据集，用于大数据集可能会导致效率过差甚至根本无法使用。一方面，云计算是农业大数据处理的主要工具，传统的算法并不能直接适用于农业大数据的处理平台；另一方面，农业大数据的应用有一个很重要的特点就是实时性，算法的准确率不再是主要指标。我们需要在处理的实时性和准确率之间取得平衡。为了解决这个问题，我们可以对处理小数据的算法进行改进，使其既可以适用于大数据的处理平台，又可以兼顾准确率和实时性，这也将会是未来一段时间内科学研究的热点。

15.8　对我国热带农业大数据发展的建议

热带农业大数据发展重点围绕热带经济作物、粮食作物、冬季瓜菜、南繁育种等重点领域，运用大数据、云计算等先进技术和理念，开展热带农业大数据标准规范体系建设研究，制定数据采集、传输、存储、交换、发布、共享、开发利用等标准规范；构建热带农业大数据采集体系，以热带农产品生产、消费、库存、贸易、价格、成本收益"六大核心数据库"为抓手，逐步完成热区农业农村历史数据的清洗和校准，拓展物联网数据采集渠道，挖掘互联网数据，建立大数据资源库；研发热带农业大数据平台，实现数据的共享与服务；开展热带农业大数据决策分析与应用，进行热带农业产业信息监测与预警研究，逐步提升大数据在热带农业生产、科研、管理、决策和公共服务领域的应用水平，为有效推动热区农业产业转型升级、生产方式转变提供信息和技术支撑。

（1）建立符合我国国情的热带农业大数据结构体系，实现关键领域技术与产品的突破。借鉴发达国家农业大数据结构体系的建设经验，将涉及农业领域的相关数据和信息纳入农业大数据结构体系，重点突破分析处理算法、流程图形化、扩展接口服务等领域。

（2）完成从国家到各地方的农业大数据平台系统的顶层设计，建立相关标准。农业大数据平台是农民、企业和政府对农业大数据实现操作的核心载体，其内容、功能、部件、流程等的设计将直接关系到农业大数据的应用程度和水平。农业部牵头组织大数据应用单位、科研院所和相关企业，制定农业大数据应用标准，重点包括数据、接口、传输通信等。

（3）加强农业大数据人才培养。鼓励专业从事农业大数据的服务机构发展，加强科研院所与农民、企业和政府一体是加强大数据基础设施建设。要加强农业大数据的"云""网""端"基础设施建设，既包括国家农业大数据平台、重要信息系统等软件基础设施建设，也包括互联网、物联网等网络基础设施建设，还包括安装在田间地头的传感设备、移动终端等硬件基础设施建设。

（4）加快构建农业数字资源体系。全面提升数据采集、传输、存储、处理、利用、安全保障等能力，加强农业大数据标准化体系建设，加快形成跨层级、跨地域、跨系统、跨部门、跨业务的农业数字资源体系。现在最基础、最关键的是要解决没有数据这个最大短板。

（5）加大农业大数据科技创新和成果转化应用力度。积极争取将农业大数据发展应用纳入数字农业工程项目和现代农业产业技术体系。要与有关科研教学单位、大数据企业合作，启动开展数据挖掘、深度学习、关联分析、管理与处理等农业大数据核心关键技术开发应用，推出系列农业大数据产品，创新完善农业大数据推广和服务方式。

（6）强化政务信息资源整合落地。加快建立农业数据资源共享开放和开发利用的制度机制，深入推进业务融合、数据融合，打通"互联网+政务服务"的数字大动脉，真正实现用数据说话、用数据决策、用数据管理、用数据创新。同时，要深入推进网站整合，推动农业新媒体的建设和创新。

（7）提升网络安全保障能力。按照网络安全与建设同步规划、同步实施、同步落实的要求，全面加强基础设施、信息系统、数据资源的网络安全保障体系建设。同时，要应用大数据技术，提升重大舆情监测能力。府的交流，开展对相关人员的培训服务。

16　物联网让热带农业更"智慧"

热带农业的发展历程如传统农业到现代农业转变的过程一样，农业信息化的发展大致都经历了电脑农业、数字农业、精准农业和智慧农业4个过程。智慧农业是农业中的智慧经济，或智慧经济形态在农业中的具体表现。智慧农业是智慧经济重要的组成部分；对于发展中国家而言，智慧农业是智慧经济主要的组成部分，是发展中国家消除贫困、实现后发优势、经济发展后来居上、实现赶超战略的主要途径。智慧农业把农业看成一个有机联系的整体系统，在生产中全面综合地应用信息技术。透彻的感知技术、广泛的互联互通技术和深入的智能化技术使农业系统的运转更加有效、更加智慧和更加聪明，从而达到农产品竞争力强、农业可持续发展、有效利用农村能源和环境保护的目标。笔者认为物联网是智慧农业的主要技术支撑，农业物联网传感设备正朝着低成本、自适应、高可靠和微功耗的方向发展，未来传感网也将逐渐具备分布式、多协议兼容、自组织和高通量等功能特征，实现信息处理实时、准确和高效。

热带智慧农业就是充分应用现代信息技术成果，集成应用计算机与网络技术、物联网技术、音视频技术、"3S"技术、无线通信技术及专家智慧与知识，实现农业可视化远程诊断、远程控制、灾变预警等智能管理。智慧农业是农业生产的高级阶段，是融新兴的互联网、移动互联网、云计算和物联网技术为一体，依托部署在农业生产现场的各种传感节点（环境温湿度、土壤水分、CO_2浓度、图像等）和无线通信网络实现农业生产环境的智能感知、智能预警、智能决策、智能分析、专家在线指导，为农业生产提供精准化种植、可视化管理、智能化决策。智慧农业是云计算、传感网、"3S"等多种信息技术在农业中综合、全面的应用，实现更完备的信息化基础支撑、更透彻的农业信息感知、更集中的数据资源、更广泛的互联互通、更深入的智能控制、更贴心的公众服务。智慧农业与现代生物技术、种植技术等高新技术融合于一体，对建设世界水平农业具有重要意义。

我国是农业大国，而非农业强国。近30年来果园高产量主要依靠农药化肥的大量投入，大部分化肥和水资源没有被有效利用而随地弃置，导致大量养分损失并造成环境污染。我国农业生产仍然以传统生产模式为主，传统耕种只能凭经验施肥灌溉，不仅浪费大量的人力物力，也对环境保护与水土保持构成严重威胁，对农业可持续性发展带来严峻挑战。本项目针对上述问题，利用实时、动态的农业物联网信息采集系统，实现快速、多维、多尺度的果园信息实时监测，并在信息与种植专家知识系统基础上实现农田的智能灌溉、智能施肥与智能喷药等自动控制。突破果园信息获取困难与智能化程度低等技术发展瓶颈。

目前，我国大多数水果生产主要依靠人工经验精心管理，缺乏系统的科学指导。设施栽培技术的发展，对于农业现代化进程具有深远的影响。设施栽培为解决我国城乡居民消费结构和农民增收，为推进农业结构调整发挥了重要作用，温室种植已在农业生产中占有重要地位。要实现高水平的设施农业生产和优化设施生物环境控制，信息获取手段是最重要的关键技术之一。作为现代信息技术三大基础（传感器技术、通信技术和计算机技术）的高度集成而形成的无线传感器网络是一种全新的信息获取和处理技术。网络由数量众多的低能源、低功耗的智能传感器节点所组成，能够协作地实时监测、感知和采集各种环境或监测对象的信息，并对其进行处理，获得详尽而准确的信息，通过无线传输网络传送到基站主机以及需要这些信息的用户，同时用户也可以将指令通过网络传送到目标节点使其执行特定任务。

智慧农业能够有效改善农业生态环境。将农田、畜牧养殖场、水产养殖基地等生产单位和周边的生态环境视为整体，并通过对其物质交换和能量循环关系进行系统、精密运算，保障农业生产的生态环境在可承受范围内，如定量施肥不会造成土壤板结，经处理排放的畜禽粪便不会造成水和大气污染，反而能培肥地力等。

智慧农业能够显著提高农业生产经营效率。基于精准的农业传感器进行实时监测，利用云计算、数据挖掘等技术进行多层次分析，并将分析指令与各种控制设备进行联动完成农业生产、管理。这种智能机械代替人的农业劳作，不仅解决了农业劳动力日益紧缺的问题，而且实现了农业生产高度规模化、集约化、工厂化，提高了农业生产对自然环境风险的应对能力，使弱势的传统农业成为具有高效率的现代产业。

智慧农业能够彻底转变农业生产者、消费者观念和组织体系结构。完善的农业科技和电子商务网络服务体系，使农业相关人员足不出户就能够远程学习农业知识，获取各种科技和农产品供求信息；专家系统和信息化终端成为农业生产者的大脑，指导农业生产经营，改变了单纯依靠经验进行农业生产经营的模式，彻底转变了农业生产者和消费者对传统农业落后、科技含量低的观念。另外，智慧农业阶段，农业生产经营规模越来越大，生产效益越来越高，迫使小农生产被市场淘汰，必将催生以大规模农业协会为主体的农业组织体系。

智慧农业谷功能构建包括特色有机农业示范区、农科总部园区和高端休闲体验区，是促进农业的现代化精准管理、推进耕地资源的合理高效利用。

16.1 热带农业物联网关键技术

坐在办公室内能监测养殖场内的温度、有害气体含量的变化，查看田间作物的生长情况，并实现自动供料喂养、自动提示何时该施肥锄草。目前，在农业大省，随着物联网技术的推广应用，越来越多的种养农户体会到科技应用带来的生产变革。物联网技术包括感知层技术、网络层技术和应用层技术等3个层面。其中，以感知层技术最为重要，传感器是物联网的基础，传感器技术和短距离无线通信技术是当前物联网技术攻关的热点和难点。

智慧农业是物联网技术在现代农业领域的应用，主要有监控功能系统、监测功能系统、实时图像与视频监控功能。监控功能系统是根据无线网络获取的植物生长环境信息，如监测土壤水分、土壤温度、空气温度、空气湿度、光照度、植物养分含量等参数。其他参数也可以选配，如土壤中的 pH 值、电导率等。信息收集负责接收无线传感汇聚节点发来的数据、存储、显示和数据管理，实现所有基地测试点信息的获取、管理、动态显示和分析处理以直观的图表和曲线的方式显示给用户，并根据以上各类信息的反馈对农业园区进行自动灌溉、自动降温、自动卷模、自动进行液体肥料施肥、自动喷药等自动控制。监测功能系统是在农业园区内实现自动信息检测与控制，通过配备无线传感节点，太阳能供电系统、信息采集和信息路由设备配备无线传感传输系统，每个基点配置无线传感节点，每个无线智能控制系统传感节点可监测土壤水分、土壤温度、空气温度、空气湿度、光照度、植物养分含量等参数。根据种植作物的需求提供各种声光报警信息和短信报警信息。实时图像与视频监控功能是农业物联网的基本概念，是实现农业上作物与环境、土壤及肥力间的物物相联的关系网络，通过多维信息与多层次处理实现农作物的最佳生长环境调理及施肥管理。但是作为管理农业生产的人员而言，仅仅数值化的物物相连并不能完全营造作物最佳生长条件。视频与图像监控为物与物之间的关联提供了更直观的表达方式。比如，哪块地缺水了，在物联网单层数据上看仅仅能看到水分数据偏低。应该灌溉到什么程度，也不能死搬硬套地仅仅根据这一个数据来作决策。因为农业生产环境的不均匀性决定了农业信息获取上的先天性弊端，而很难从单纯的技术手段上进行突破。视频监控的应用，直观地反映了农作物生产的实时状态，引入视频图像与图像处理，既可直观反映一些作物的生长长势，也可以侧面反映出作物生长的整体状态及营养水平。可以从整体上给农户提供更加科学的种植决策理论依据。

物联网主要是物理与信息空间的一种结合体，使物体更加科学化和智能化，实现不限制空间和时间的一种信息交互。使得对于物品的监控、定位以及自动识别等功能，是对互联网进一步的拓展。物联网的全新概念是 2015 年提出来的，现在在世界各地应用都十分的广泛与普遍，人们对其熟知，已经成为人们生活中不可缺少的一部分，我国是信息化的大国，近些年信息技术产业蓬勃发展，各种新兴的产业也随之兴起。国家投入大量的资金和政策的扶持，使得很多企业看到了物联网行业的发展前景，从而转型，向物联网方向靠拢。我国的物联网行业呈现百花齐放的局面。但是又因为我国物联网行业起步较晚，发展不成熟，很多公司都处在摸索的阶段，机遇与挑战并存，真正能够实际运用的产品很有限，所以我国物联网发展道路仍然很漫长。

将物联网技术用于农业生产，只要能上网的地方就可以查到温室内外的光照度、温度、空气湿度、土壤湿度和田间管理情况，不但有利于数据的采集，还省时省工，在家通过物联网就可实时监控温室温度、光照情况，通过授权进入自动控制平台后，天窗开闭、风机运行和水帘降温等程序就可远程控制。

依靠农业物联网，农民坐在家里就可了解大棚内的各种生产要素的变化情况。远在千里之外的市民也可登录农业生产企业网站，实时了解生产情况。目前物联网技术已在大田农业、设施农业、果园生产管理中得到了初步应用。比如，温室智能控制、智能节水灌溉、农产品长势与病虫害监测、水产养殖管理、气象环境监测、农产品质量安全管理与溯源等方面，都已取得了较好的应用效果（图 16-1）。

传统种菜大多依靠菜农的多年经验来判断。但是我们知晓，不同的土壤有着不同的性质，不同土壤性质的土壤在种植过程中需水量不同，在灌溉的时候有可能造成灌溉过多或灌溉过少，进而影响蔬菜正常生长。如今在农业物联网的支撑下，利用温室的土壤

图 16-1　农业物联网技术应用

湿度检测仪检测到土壤的湿度不正常，检测仪将这一数据实时上传到采集平台，再由平台汇总到数据中心。系统会根据干旱程度、农作物合适的灌溉时间来判断农产品需要的灌溉水量和适合时间，并将这些信息下传到灌溉设备，由计算机控制实现定量、定时操作。

16.1.1　信息感知技术

农业信息感知技术是智慧农业的基础，作为智慧农业的神经末梢，是整个智慧农业链条上需求总量最大和最基础的环节。主要涉及农业传感器技术、RFID 技术、GPS 技术以及 RS 技术等。农业传感器技术是农业物联网的核心，也是智慧农业的核心，农业传感器主要用于采集各个农业要素信息，包括种植业中的光、温、水、肥、气等参数；畜禽养殖业中的 CO_2、氨气和 SO_2 等有害气体含量，空气中尘埃、飞沫及气溶胶浓度，温、湿度等环境指标等参数；水产养殖业中的溶解氧、酸碱度、氨氮、电导率和浊度等参数。

（1）RFID 技术。RFID（radio frequency identification，射频识别）技术俗称电子标签。由标签、天线和阅读器组成，这个技术就是通过射频符号对于物体进行自动识别，无须人为干预，然后将识别到的射频对象再进行数据的筛选、记录、整理和存储、保管。当带着电子标签的物品通过设定的信息读写器的时候，信息读写器中的无线电波对这个电子标签进行扫描，从而将标签中的有用信息通过天线快速地输送到相关的电子网络之中。特别注意是特殊的物品对于自己的标签安全性有着更严格的要求。RFID 系统主要包括 RFID 标签、RFID 读写器、RFID 系统软件、中间件、后台应用程序。该系统就是 RFID 读写器和 RFID 标签之间运用无线电频率进行通信的无线通信系统。RFID 标签作为信息的载体，主要是附带在需要识别的物体或者个人的携带上，RFID 读写器主要拥有读写的功能，不过一般主要由系统所用的 RFID 标签的性能所决定。RFID 系统软件就是在前两者间通信所需要的功能的集合。读写装置和后台处理之间进行通信的软件就是中间件，借助这部分的设备可以连接 RFID 软件以及后台系统，并通过标签发出对应的指令，然后经过读写器、中间件进行处理之后形成标准的数据。这是一种非接触式的自动识别技术，它通过射频信号自动识别目标对象并获取相关数据。该技术在农产品质量追溯中有着广泛的应用。GPS 是美国 20 世纪 70 年代开始研制，于 1994 年全面建成，具有在海、陆、空进行全方位实时三维导航与定位能力的新一代卫星导航与定位系统，具有全天候、高精度、自动化和高效率等显著特点。在智慧农业中，GPS 技术的实时三维定位和精确定时功能，可以实时地对农田水分、肥力、杂草和病虫害、作物苗情及产量等进行描述和跟踪，农业机械可以将作物需要的肥料送到准确的位置，而且可以将农药喷洒到准确位置。

（2）RS 技术。RS 技术即遥感技术（remote sensing，RS），是指从高空或外层空间接收来自地球表层各类地理的电磁波信息，并通过对这些信息进行扫描、摄影、传输和处理，从而对地表各类地物和现象进行远距离控测和识别的现代综合技术。可用于植被资源调查、作物产量估测、病虫害预测等方面。在智慧农业中利用高分辨率传感器采集地面空间分布的地物光谱反射或辐射信息，在不同的作物生长期，实施全面监测，根据光谱信息，进行空间定性、定位分析，为定位处方农作物提供大量的田间时空变化信息。

16.1.2 信息传输技术

信息传输是从一端将命令或状态信息经信道传送到另一端，并被对方所接收。包括传送和接收。传输介质分有线和无线两种，有线为电话线或专用电缆；无线是利用电台、微波及卫星技术等。农业信息传输技术是智慧农业传输信息的必然路径，在智慧农业中运用最广泛的是无线传感网络。无线传感网络（WSN）是以无线通信方式形成的一个自组织多跳的网络系统，由部署在监测区域内大量的传感器节点组成，负责感知、采集和处理网络覆盖区域中被感知对象的信息，并发送给观察者。在智慧农业中，ZigBee 技术是基于 IEEE802.15.4 标准的关于无线组网、安全和应用等方面的技术标准，被广泛应用在无线传感网络的组建中，如大田灌溉、农业资源监测、水产养殖和农产品质量追溯等。

其中，无线传输通过一定的形式形成无线网络系统，在传感器地域内进行整合和仔细地搜索，从而获取搜索对象的信息，对于这些信息在进行处理和整合。这个无线传感技术的原理由敏感原件与转换原件相组成，系统优势比较显著，是一种以数据为中心的网络。但是，在应用的过程中，会出现一些限制，比如说电源能量本身具有有限性，存储计算也有一定的局限性和有限性。虽然，它有着这些局限性，但是无线传感技术可以说是一个重大的突破，随着时代的发展，科学技术的不断发展，会不断攻破这些局限性，对其进行完善，使得有着技术的有效性。

16.1.3 信息处理技术

我们生活在信息海洋中，但信息是混乱的、无序的，只有将混乱无序的信息变成有序，才能查找和利用。将信息进行整序是数据库技术的核心内容，它能将相关的信息集合，实现信息的有序存储和有效利用。人类对信息的管理和利用，都是通过信息系统这个工具来完成的，各种系统也只有集成为综合系统才能充分发挥作用。信息系统技术是以计算机为中心，以数据库和通信网络技术为依托实现对信息处理的技术。信息处理技术是实现智慧农业的必要手段，也是智慧农业自动控制的基础，主要涉及云计算、GIS、专家系统和决策支持系统等信息技术。

（1）云计算（cloud computing）。云计算指将计算任务分布在大量计算机构成的资源池上，使各种应用系统根据需要获取计算力、存储空间和各种软件服务。智慧农业中的海量感知信息需要高效的信息处理技术对其进行处理。云计算能够帮助智慧农业实现信息存储资源和计算能力的分布式共享，智能化信息处理能力为海量信息提供支撑。

（2）地理信息系统（geographic information system，GIS）。地理信息系统是一个获取、存储、编辑、处理、分析和显示地理数据的空间信息系统，其核心是用计算机来处理和分析地理信息。地理信息系统软件技术是一类军民两用技术，不仅应用于军事领域、资源调查、环境评估等方面，也应用于地域规划，公共设施管理、交通、电信、城市建设、能源、电力、农业等国民经济的重要部分。主要用于建立土地及水资源管理、土壤数据、自然条件、生产条件、作物苗情、病虫草害发生发展趋势、作物产量等的空间信息数据库和进行空间信息的地理统计处理、图形转换与表达等，为分析差异性和实施调控提供处方决策方案。

（3）专家系统（expert system，ES）。专家系统指运用特定领域的专门知识，通过推理来模拟通常由人类专家才能解决的各种复杂的、具体的问题，达到与专家具有同等解决问题能力的计算机智能程序系统。研制农业专家系统的目的是依靠农业专家多年积累的知识和经验，运用计算机技术，克服时空限制，对需要解决的农业问题进行解答、解释或判断，提出决策建议，使计算机在农业活动中起到类似人类农业专家的作用。

（4）决策支持系统（decision support system，DSS）。决策支持系统是辅助决策者通过数据、模型和知识，以人机交互方式进行半结构化或非结构化决策的计算机应用系统。农业决策支持系统在小麦栽培、饲料配方优化设计、大型养鸡厂的管理、农业节水灌溉优化、土壤信息系统管理以及农机化信息管理上进行了广泛应用研究。

16.1.4 智能技术

物联网智能技术包括智能控制、智能推理、智能决策。智能控制领域，一般使用模糊控制或神经网络控制。模糊控制中，控制器的设计都需要建立精准的数学模型，但实际中由于环境等因素的复杂性，模型的建立非常困难。故采用模糊控制理论，先将输入的量模糊化，然后，建立模糊控制规则（知识库），再输出模糊判决，最后，将这个输出量反模糊化。模糊控制是一种非线性控制，神经网络控制中，神经网络利用大量的样本数据对建立的神经网络进行训练，来不断调整权值，从而让输出的误差值降低到标准允许内即可。这种训练是一种无师训练。

（1）智能推理。智能推理是指计算机参照推理对象所在领域的专家针对推理对象表现出的行为症状，采用一定的推理方法做出合乎客观实际结论的过程。推理机首先要进行机器学习，利用强大的知识库作为数据支撑，开发机器的学习模型，让计算机像领域专家一样给推理对象的行为症状得出合理的解释。

（2）智能控制技术（intelligent control technology，ICT）。智能控制技术是控制理论发展的新阶段，主要用来解决那些用传统方法难以解决的复杂系统的控制问题。目前智能控制技术的研究热点有模糊控制、神经网络控制以及综合智能控制技术，这些控制技术在大田种植、设施园艺、畜禽养殖以及水产养殖中取得了初步应用。

16.1.5 物联网在热带农业领域应用和发展存在

虽然以物联网平台为依托的智慧农业的发展前景十分广阔，但是由于其作为新兴技术产业，也存在着许多制约其发展的亟待解决的问题。所以，如果想要在很短的时间内将智能农业进行大范围的推广和使用，还是十分困难的。

（1）成本问题。农业物联网是要通过短距离无线通信和标签技术将信息技术与传统农业技术相结合，新技术的兴起会催生一些新的行业和其上下游企业的产生和发展，形成产业集群效益并拉动经济的发展。但是在物联网农业技术发展的初期，由于原件和应用到的设备生产厂家和型号非常单一、产量不高，不可避免地会出现价格昂贵现象。不经过大范围的推广就不能降低产品器件的价格，而想要大范围在我国推广所面临的一个重要问题就是怎么使广大面朝黄土背朝天的农民接受并愿意买单。这个问题是我国迈进农业智能大国之前的必经之路。

（2）行业标准问题。以物联网技术为平台的农业物联网的搭建离不开各种型号的传感器。传感器在采集环境中对样本进行采集，形成数据后向上传输。但是在目前的发展情况之下，信息采集到的数据、传输的数据和与平台接口的标准、人机交互接口标准等信息交换层面缺乏统一通用的技术标准。各个厂商没有通用标准的指导，全行业中都无法大规模生产相关技术产品，严重制约产品的成本，使价格居高不下，最终影响农业物联网的发展。

（3）安全问题。信息安全是近年来的热门话题，人们越来越重视对自己的隐私信息的保护。信息采集技术的实现是依靠传感设备和电子标签，每个在网的电子标签都要保证可以被系统内的相关的设备进行识别和读写操作。通过对标签的识别就可以获得标签内所标明的信息，但是这些获得的信息中可能存在着涉及个人隐私的信息。所以，如何保证在准确识别读取标签内的物品信息的基础上又使得个人隐私信息不被泄露是非常值得系统设计者和行业从业者重视的问题。如何使大众清楚虽然每个人都在监控下，但每个人的隐私都是有保障的，如何使大众建立起对于信息行业的信息安全的信任，是物联网整个行业发展中必须面临的问题。

16.2 区块链技术

区块链（block chain）是分布式数据存储、点对点传输、共识机制、加密算法等计算机技术的新型应用模式。所谓共识机制是区块链系统中实现不同节点之间建立信任、获取权益的数学算法。区块链是比特币的底层技术，像一个数据库账本，记载所有的交易记录。这项技术也因其安全、便捷的特性逐渐得到了银行与金融业的关注。狭义来讲，区块链是一种按照时间顺序将数据区块以顺序相连的方式组合成的一种链式数据结构，并以密码学方式保证的不可篡改和不可伪造的分布式账本。广义来讲，区块链技术是利用块链式数据结构来验证与存储数据、利用分布式节点共识算法来生成和更新数据、利用密码学的方式保证数据传输和访问的安全、利用由自动化脚本代码组成的智能合约来编程和操作数据的一种全新的分布式基础架构与计算方式。

区块链目前分为三类，其中混合区块链和私有区块链可以认为是广义的私链。公有区块链（public block chains）是指世界上任何个体或者团体都可以发送交易，且交易能够获得该区块链的有效确认，任何人都可以参与其共识过程。公有区块链是最早的区块链，也是目前应用最广泛的区块链，各大 bit coins 系列的虚拟数字货币均基于公有区块链，世界上有且仅有一条该币种对应的区块链。行业区块链（consortium block chains）是由某个群体内部指定多个预选的节点为记账人，每个块的生成由所有的预选节点共同决定（预选节点参与共识过程），其他接入节点可以参与交易，但不过问记账过程（本质上还是托管记账，只是变成分布式记账，预选节点的多少，如何决定每个块的记账者成为该区块链的主要风险点），其他任何人可以通过该区块链开放的 API 进行限定查询。私有区块链（private block chains）指仅仅使用区块链的总账技术进行记账，可以是一个公司，也可以是个人，独享该区块链的写入权限，本链与其他的分布式存储方案没有太大区别。目前（Dec2015）保守的巨头（传统金融）都是想实验尝试私有区块链，而公链的应用例如 bit coin 已经工业化，私链的应用产品还在摸索当中。

区块链技术（图 16-2）可用于创建一个永久的、公开的、透明的总账系统，用于编辑销售数据，通过认证版权注册来存储版权数据。它将低成本地解决金融活动的信任难题，并且将金融信任由双边互信或建立中央信任机制演化为多边共信、社会共信，以公信力寻求解决公信力问题的途径。该技术的产生和发展大致经历了三个阶段：一是酝酿期：2009—2012 年，经济形态以比特币及其产业生态为主；二是萌芽期：时期为 2012—2015 年，区块链随着比特币进入公众视野，区块链经济扩散到金融领域。三是发展期：2016 年开始探索行业应用，出现了大量区块链创业公司。

图 16-2　区块链应用范围

当前数字货币所带来的诱人前景，吸引着一大批人投身于区块链技术的发展和应用。在当前各界对区块链技术乐此不疲的背景下，其真正价值在哪里或许并不是一个容易回答的问题。唐塔普斯科特强调，通过采用区块链技术，将扩大全球金融体系的包容性，实现普惠金融，让穷人也能受益。应用区块链技术，可以大幅度地消除原有的低效率中间人，用新的中介取代旧的中介。

国务院"互联网+"战略把"互联网+"现代农业作为 11 大重点任务之一，农业部印发了《"互联网+"现代农业三年行动实施方案》，通过实施农业物联网示范、农业电子商务试点、农业大数据试点、信息进村入户等工程，积极推动信息技术与传统农业融合，通过统筹线上线下农业来推进农业现代化。

在农业现代化创新变革进程中，科技如何与农业进行结合，促进智慧农业发展？区块链成为很好的解决方案。2016 年，区块链技术走进了大家视野，它将是继大型机、个人电脑、互联网、移动社交之后的第五次颠覆性的新计算范式。

区块链的主要优势就在于无须第三方中介机构参与，数据高度安全可靠，运行过程中高效透明且成本较低等特点。区块链将决定人与包括人工智能在内的所有互联网存在之间的关系，这种关系的改变将从对主流互联网商业模式产生颠覆性的影响，打造一个全新的去中心化时代。区块链的目的在于验证所参与节点之间所传递信息的有效性，保证交易数据，确定交易数据的准确性。一旦区块链的巨大潜力获得充分挖掘，未来合同将嵌入数字编码并保存到透明、共享的数据库中，可防止数据被删除、篡改和修订。个人、组织、机器和算法彼此之间的交易和互动将顺畅无阻。区块链是种"基础性"技术，它有为经济和社会体系创造新基础的潜力。虽然它的影响巨大，但要渗透到经济和社会基础设施中，仍有漫长的道路。区块链目前最好的应用领域还是在加密数字货币，在产业应用上，则处于起步阶段。

16.2.1　区块链 1.0 时代

区块链 1.0 时代是以比特币、莱特币为代表的加密货币，具有支付、流通等货币职能。2008 年年末，中本聪发表了一篇名为《比特币：一种点对点的电子现金系统》的论文，文中首次提到了"block chain"这个概念。简单说就是对区块形式的数据进行哈希加密并加上时间戳，然后将哈希广播出去，使其公开透明而且不可篡改，这解决了电子现金的安全问题。随着中本聪的第一批比特币被挖出来，区块链 1.0 时代也开启了，可以简单理解为区块链 1.0 时代和比特币、莱特币这些老牌数字货币挂钩。1.0 时代做得不多，但是把区块链带入了现实社会中，这就足够了。最有名的莫过于 8 年前，一位名叫 Laszlo Hanyecz 的程序员用 1 万枚比特币购买了两个披萨。这被广泛认为是用比特币进行的首笔交易，也是币圈经久不衰的笑话之一，很多币友将这一天称为"比特币披萨日"。

但是从另一个角度来说，这次的行为将电脑中挖的那些虚拟货币与现实中的实物联系起来，这是具有里程碑意义的，因此是无价的。在 1.0 时代，人们过多关注的只是建立在区块链技术上的那些虚拟货币，关注它们值多少钱，怎么挖，怎么买，怎么卖。不过时间久了，自然会有更多的人去关注技术本身，随后就是引发一场新的革命——区块链 2.0 时代。

16.2.2　区块链 2.0 时代

区块链 2.0 时代是以以太坊、瑞波币为代表的智能合约或理解为"可编程金融"，是对金融领域的使用场景和流程进行梳理、优化的应用。

区块链 2.0 时代是智能合约开发和应用。智能合约是一种可以自动化执行的简单交易。在日常生活中跟我们有什么联系呢？举一个简单的例子，我跟你打一个赌，如果明天下雨，算我赢；如果明天没下雨，就是你赢了。然后我们在打赌的时候就把钱放进一个智能合约控制的账户内，第二天过去了，赌博的结果出来了以后，智能合约就可以根据收到的指令自动判断输赢，并进行转账。这个过程是高效、透明的执行过程，不需要公正等第三方介入。也就是说，有了智能合约以后，打赌就没办法赖账了。

在区块链2.0时代中最著名的莫过于具有智能合约功能的公共区块链平台以太坊了，也可以说是以太坊掀起了区块链2.0革命的浪潮。以太坊是为了解决比特币的扩展性不足的问题而产生的，事实证明也确实如此，大量的token基于以太坊发行，疯狂之下，成功地将ETH推上了全球加密数字货币市值排行榜的第二名。但区块链的2.0技术只能达到每秒70至80次交易次数，这也成为其快速发展的制约性因素。于是，这就需要将眼光放到未来的3.0时代。

16.2.3 区块链3.0时代

区块链3.0时代是区块链技术在社会领域下的应用场景实现，将区块链技术拓展到金融领域之外，为各种行业提供去中心化解决方案的"可编程社会"。

在区块链1.0和区块链2.0的时代里，区块链只是小范围影响并造富了一批人，因其局限在货币、金融的行业中。而区块链3.0将会赋予我们一个更大更宽阔的世界。未来的区块链3.0可能不止一个链一个币，是生态、多链构成的网络，类似于操作系统或类似于电脑全球的一个巨大的电脑操作系统。

所以区块链的3.0时代，区块链的价值将远远超越货币、支付和金融这些经济领域，它将利用其优势重塑人类社会的方方面面。这是一场没有硝烟的革命。那我们要做的是，加速它，迎接它，拥抱它，最后改变这个世界。

16.3 区块链在农业上的应用

区块链技术主要可以通过分布式记账的方式让所有的节点参与者都来进行信息的记录。这些被计入区块的信息具有不可被任何人随意篡改的特性。而且由于它具有的去中心化的特征，省去了第三方机构的接入所造成的花费，从而使得信息的透明度大大地得到了提高。从这个透明度的角度来说，区块链技术应用于农业，将会带来不一样的农业产业。同时，农业物联网的智能化和规模化可以通过区块链技术得到提高。在农业方面，随着互联网的不断扩大，机器的不断介入，通过分布云介入物联网，从而可以满足日益增长的需求（图16-3，图16-4）。

区块链技术用于农业保险。在农业产权交易、农业知识产权保护、农业保险方面有很大的提升空间，这有利于我国农业的可持续发展。不过目前为止，我国农业保险的品类还是比较少的，而且覆盖的范围也很小，最重要的是还经常出现了骗保事件。将区块链技术应用于农业保险后，对于农业保险的流程可以大大简化。如果使用智能合约，农业保险可以变得智能化。而目前，由于传统的保险模式，理赔模式相对会比较漫长。将智能合约运用到区块链中，如果出现了农业灾害则会自动触发赔偿，赔偿的效率会大大提高。

传统农业养殖过程中，往往会出现农药使用过量，运输保存不合适，会导致农产品的腐坏问题。使用区块链技术的溯源特性，可以及时地跟踪农作物的信息情况，一旦发现农产品的问题，就可以把农产品给找出来，这样一方面可以保证农产品的质量，另一方面可以节省成本。近些年来，随着区块链技术的不断发展，越来越多的领域开始投入使用区块链技术。作为第一产业，农业方面也有很多区块链研究的投入。

区块链 1.0 是货币，主要用于货币转移、汇兑和支付系统。区块链 2.0 是合约，主要用在经济、市场、金融全方位的应用，可延伸内涵远比简单的现金转移要广得多，像股票、债券、期货、贷款、按揭、产权、智能资产和智能合约。区块链 3.0 是超越货币、金融、市场之外的应用，特别是在政府、健康、科学、文学、文化和艺术等领域。

现今农业的发展仍然受到因地域限制而导致的运输与维护成本高、产品质量保证与回溯机制下的信息真实性与有效性、农民生产资金筹集困难背后的农业信用抵押机制匮乏等诸多问题。而区块链的到来则为上述诸多问题的解决与发展提供了方法与思路。

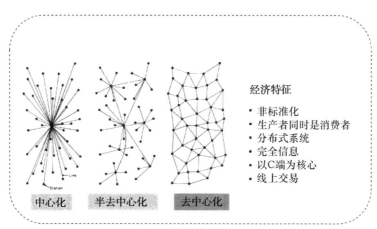

图 16-3 共享经济去中心化结构

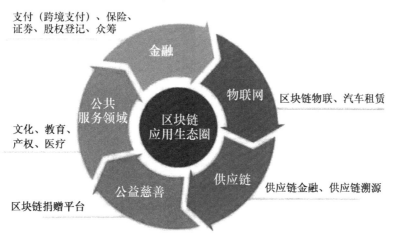

图 16-4 区块链应用生态圈

16.3.1　区块链技能让物联网高效运行

目前制约农业物联网大面积推广的主要因素就是应用成本和维护成本高、性能差。而且物联网是中心化管理，随着物联网设备的暴增，数据中心的基础设施投入与维护成本难以估量。物联网和区块链的结合将使这些设备实现自我管理和维护，这就省去了以云端控制为中心的高昂的维护费用，降低互联网设备的后期维护成本，有助于提升农业物联网的智能化和规模化水平。

当区块链应用于物联网时，区块链技术可以被应用于追踪过往的历史，也可以协调设备与设备、设备与人之间的数据交互和实际交易，赋予另外物联网设备独立的身份。很多物联网设备，如智能家电，无须实时与云端服务器交互专门构建云计算服务器任务来支持某个家电，特别是对于那些会在家庭存在十年甚至更长时间的设备。由于区块链网络对数据进行处理和存储，并为系统内的物联网设备提供设备级别的控制和管理，会极大地降低物联网使用的成本，明显提高物联网系统的效率。

16.3.2　区块链技术能保证物联网的数据安全和用户隐私

传统数据库的三大成就，关系模型、事务处理、查询优化，一直到后来互联网盛行以后的 NoSQL 数据库的崛起，数据库技术在不停发展、变化。未来随着信息进村入户工程的进一步推进，政务信息化的进一步深入，农业大数据采集体系的建立，如何以规模化的方式来解决数据的真实性和有效性，这将是全社会面临的一个亟待解决的问题。

而以区块链为代表的这些技术，对数据真实有效不可伪造、无法篡改的这些要求，相对于现在的数据库来讲，肯定是一个新的起点和新的要求。物联网的数据安全和隐私保护问题越来越受到关注。由于中心化服务存储的物联网数据在存储、处理和传输环节有多种泄密可能，著名公司和政府部门的数据泄露事件层出不穷，让用户无法真正信任运营服务提供商的承诺。事实上，政府安全部门可以通过未经授权的方式对存储在中央服务器的数据内容进行审查，而运营商也很有可能出于商业利益的考虑将用户的隐私数据出售给广告公司进行大数据分析，以实现针对用户行为和喜好的个性化推荐，这些行为更是无法防止。

16.3.3　区块链在质量安全追溯上应用

农产品安全问题越来越多地受到人们的关注，消费者越来越关心食物是否"干净"，是否有机，但生产者和加工商通常无法跟踪及验证产品从农场到餐桌涉及的一系列准确数据。迄今为止，我们知道问题的根源在于认证和监管，而这两类服务成本很高，很难执行，也会让消费者感到困惑，而区块链则能帮上大忙。而确保信息可追溯，不可篡改，区块链是一个现成的工具。

依托区块链技术，我们可以在一张数据网络当中，容纳数以亿计的农产品信息单元，理论上，如果在技术到位的情况下，我们甚至可以为每一粒大米的生产流程设置专门的信息区块。而且，这样的数据网络，可以在农民、企业、消费者、管理部门之间实现无缝连接，这样，不仅解决了农产品安全和质量的问题，同样也可以解决农产品市场规划和管理的问题。

农业产业化过程中，生产地和消费地距离拉远，消费者对生产者使用的农药、化肥以及运输、加工过程中使用的添加剂等信息根本无从了解，消费者对生产的信任度降低。基于区块链技术的农产品追溯系统，所有的数据一旦记录到区块链账本上将不能被改动，依靠不对称加密和数学算法的先进科技从根本上消除了人为因素，使得信息更加透明。

16.3.4 农村金融+区块链

农民贷款整体上比较难，主要原因是缺乏有效抵押物，归根到底就是缺乏信用抵押机制。由于区块链建立在去中心化的 P2P 信用基础之上，它超出了国家和地域的局限，在全球互联网市场上，能够发挥出传统金融机构无法替代的高效率低成本的价值传递的作用。当新型农业经营主体申请贷款时，需要提供相应的信用信息，这就需要依靠银行、保险或征信机构所记录的相应信息数据。但其中存在着信息不完整、数据不准确、使用成本高等问题，而区块链的用处在于依靠程序算法自动记录海量信息，并存储在区块链网络的每一台电脑上，信息透明、篡改难度高、使用成本低。因此，申请贷款时不再依赖银行、征信公司等中介机构提供信用证明，贷款机构通过调取区块链的相应信息数据即可。

16.3.5 农业保险+区块链

农业保险品种少、覆盖范围低，经常会出现骗保事件。将区块链与农业保险结合之后，农业保险在农业知识产权保护和农业产权交易方面将有很大的提升空间，而且会极大地简化农业保险流程。另外，因为智能合约是区块链的一个重要概念，所以将智能合约概念用到农业保险领域，会让农业保险赔付更加智能化。以前如果发生大的农业自然灾害，相应的理赔周期会比较长。将智能合约用到区块链之后，一旦检测到农业灾害，就会自动启动赔付流程，这样赔付效率更高。

16.3.6 供应链+区块链

何谓供应链？产品从生产到销售，从原材料到成品到最后抵达客户手里整个过程中涉及的所有环节，都属于供应链的范畴。目前，供应链可能涉及几百个加工环节，几十个不同的地点，数目如此庞大，给供应链的追踪管理带来了很大的困难。区块链技术可以在不同分类账上记录下产品在供应链过程中涉及的所有信息，包括涉及的负责企业、价格、日期、地址、质量以及产品状态等，交易就会被永久性、去中心化地记录，这降低了时间延误、成本和人工错误。

16.3.7 区块链技术构建物联网领域的全新商业模式

区块链技术可以确保物联网系统内部授权的真实可靠，从而为智能化的物联网设备赋予商业交易参与者的身份。这样，区块链全网获得交易身份的物联网设备和人类一道，共同参与了区块链网络的交易。

例如，通过智能合约控制的冰箱可以在食品不够时直接向供应商下单进行采购，炉灶可以自动向燃气公司购买燃气指标等，所有这些不仅需要支付能力，而且需要身份鉴权。

而在区块链网络上不同所有者的物联网设备所获得的加密数据，可以直接在区块链全网范围内进行结算交易，无须通过数据中心的再处理和交易撮合，去中心化地结算交易，不仅效率很高，而且也极大地节省了数据中心的存储和处理资源。

16.3.8 区块链进入农业行业面临的挑战

（1）技术本身还要优化。很多人认为区块链很高大上，是无处不在的、高度互联的。但从目前的应用来看，区块链应用初期，其底层技术还存在一定的制约。目前，区块链在技术上最大的挑战就是吞吐量、延迟时间、容量和带宽、安全等方面。农业是一个有生命的产业，需要进一步突破区块链的技术限制与农业的融合。

（2）技术进入门槛高。区块链技术其实蛮复杂，涉及密码学、计算数学、人工智能等很多跨学科、跨领域的前沿技术，一般的工程师在短期内可能很难掌握。农业信息化是国家信息化的"短板"，现阶段最缺乏的就是农业信息化的人才，懂农业的人不懂信息化，懂信息的人不懂农业，而区块链作为一种新型的计算机范例，在农业领域的应用本来就比工业慢好几拍，所以区块链技术进入农业的门槛极高，目前网上设计区块链在农业领域应用的文章都很少。可喜的是，国外已经涌现出了一些区块链在农业领域应用的案例。

（3）应用场景还需继续拓展。现在绝大部分区块链的应用场景可以分为虚拟货币类、记录公证类、智能合约、证券、社会事务等，这些场景目前跟农业不太搭边，缺乏符合农业农村特点、接地气的应用场景。区块链以互联网为基础，企业在开拓农村互联网市场的过程中，要不断地拓展区块链的应用场景，只有当拥有一个庞大的用户群去参与区块链的时候，它的价值才能体现。

16.4　人工智能对世界的改变

人工智能的迅速发展将深刻改变人类社会生活、改变世界。人工智能发展进入新阶段。经过60多年的演进，特别是在移动互联网、大数据、超级计算、传感网、脑科学等新理论新技术以及经济社会发展强烈需求的共同驱动下，人工智能加速发展，呈现出深度学习、跨界融合、人机协同、群智开放、自主操控等新特征。大数据驱动知识学习、跨媒体协同处理、人机协同增强智能、群体集成智能、自主智能系统成为人工智能的发展重点，受脑科学研究成果启发的类脑智能蓄势待发，芯片化硬件化平台化趋势更加明显，人工智能发展进入新阶段。当前，新一代人工智能相关学科发展、理论建模、技术创新、软硬件升级等整体推进，正在引发链式突破，推动经济社会各领域从数字化、网络化向智能化加速跃升（图16-5）。

耶路撒冷希伯来大学历史系教授尤瓦尔·赫拉利对未来人工智能对世界的影响与改变作出了大胆的展望。他认为"人工智能"是我们这个时代最著名、最重要的科学发现，是整个21世纪人类历史上最重要的一个演变。尤瓦尔·赫拉利认为：过去40亿年当中，所有生命都是按照优胜劣汰的原则进行演变，所有的生命完全按照有机化学的规则进行演化。但是人工智能甚至改变了以往生命演化的规则。罗辛顿·麦德拉说，对人类而言，人工智能的发展前景巨大，可以通过完成简单甚至复杂的指令，比人类更快、更准确地完成任务。毫无疑问，人工智能的发展将是全球范围的，其研发也将是一项全球性的事业。鉴于中国在科技专业知识和投资方面的发展水平，中国作为人工智能的主要"球员"，当之无愧。

人工智能兴起于20世纪50年代中期，当时是基于计算机技术的发展，开始往人工智能方向研究，并首次提出了"人工智能"这个术语，然而，当时研究人工智能的起点并没有多么"高大上",他们的目标只是实现简单模仿人类行为的机器人,事实上,他们已经取得了不错的成就,起码在知识理论上,为我们下一步人工智能的发展奠定了基础,让我们站在"巨人的肩膀上",创造出更多人工智能技术应用。

罗辛顿·麦德拉引述最近来自英国上议院的一份关于人工智能的报告说,按照现有资源的差异,英国不可能在投资规模方面与美国和中国匹敌。中国不再是科技和创新的"后进生"。

以眼下热门的区块链技术为例,相关数据显示,中国在区块链方面的专利申请数量领先世界。罗辛顿·麦德拉介绍说,2017年世界上超过一半的区块链专利申请数量来自中国,在过去五年中,这一数量则占据2/3。同时,农业方面的专利数量也出现类似情况。人工智能的发展必须依靠大量的数据来驱动。罗辛顿·麦德拉指出,全球缺乏共同的数据管理平台,这将是一大挑战。他分析说,全球数据"三分天下":一是欧洲,通过其"通用数据保护法规"控制个人数据;二是美国,其数据控制主要是交给数据公司;三是中国,主要由政府对数据加以掌握。这三个标准彼此不兼容。任何国家的数据战略都必须处理利用大数据的经济和非经济方面,必须在众多目标之间达成平衡,尊重、甚至加强其基本隐私要素,维护公共安全,建立多个机构以维护或增强一国的国家身份(如信息网络和治理过程等)。

图 16-5　人工智能概念及其发展过程

16.4.1　人工智能的未来应用

(1)人工智能可以了解你的喜好。进入21世纪以后,我们逐步把阅读什么书、购买什么书这样的权力让渡给了电脑、计算机、算法,让渡给了亚马逊网站。过去人们读哪一本书,很多人会依赖自己的感觉、喜好、口味,或者依赖朋友、家人的推荐。而人工智能完全改变了这一切。所以当我们进入亚马逊未来的书店中,有一个算法告诉你:我一直在跟踪你,我一直在收集你的数据,你喜欢什么书、不喜欢什么书,我都知道。亚马逊的算法会根据它对你的了解,以及它对于上千万读者的了解向你推荐书籍。

今天越来越多的人看书不是看纸版书,而是阅读电子书,在手机看书或者一些电子阅读器上面看书。当你在这个设备上读这些书的时候，这个设备也在"读"你。这是有史以来第一次不仅仅只是人类在阅读一本书，当你在读一本书时，书同时也在"读"你。你的智能电话、智能平板在跟踪你，监测你，搜集你的信息。

（2）人工智能可以体会你的情绪。未来的人工智能设备可以连接到面部识别软件。它会通过看你脸部的表情判断你的喜好。这就跟我们看别人一样，我知道你的表情背后掩盖着什么样的感情，什么样的感觉。通过观察你的面部表情，肌肉的变化就会知道你是在笑还是在生气。

这是人类用来认知情绪的方式，今天计算机也在学会、提高对于情绪的识别能力，甚至比人类做得更好。他们能够找到面部活动的规律，并且用这种规律来分析和评判一个人目前的情绪状态怎样。

（3）人工智能可以提出适合你的建议。人工智能把设备和生物识别传感器结合在一起，将这些生物识别传感器植入在人体内，就能够持续不断地监控人类身体各种生物指标，知道人的血压、心率、血糖或者激素水平。

（4）无人驾驶汽车不仅仅是科学幻想。将来计算机能比人类驾驶员的平均水平要好得多。今天所有专家对此都达成了共识。可能再过几年时间，届时数以百万计的出租车、卡车、公交车司机会失业，让位于自动驾驶汽车。今天交通事故当中人是主要的因素，有了人工智能就不会有这样的问题。自动驾驶的汽车永远不会喝酒，自动驾驶的汽车不会在开车的时候睡觉，也不可能在开车的时候接打电话，这样自动驾驶汽车就能替代驾驶员的作用。

（5）人工智能会成为更优秀的医生。人工智能在疾病诊断方面能够比普通医生做得更好。对于一个医生来说拥有的数据是有限的，但是对于人工智能来说可以是无限的。人工智能医生可以收集信息、分析数据，熟知全世界所有疾病，能够24小时不间断地跟踪一个患者，给出医疗建议。

（6）人工智能会改变我们的世界。人工智能的技术毫无疑问会改变我们的世界。作为一个企业家或者精英阶层，我们在做与人工智能相关的决策时，一定要注意人工智能不仅仅是单纯的技术问题，同时也要注意到人工智能与其他技术的发展，以及它们对社会、经济、政治产生的深远影响。

16.4.2　人工智能在未来农业领域的应用

民以食为天，农业是人类经济的主要基础。随着气候变化、人口增加、劳动力减少和食品安全等因素，促使农业寻求更多创新措施来保护和提高农作物产量。因此，人工智能（AI）正成为广泛农业产业技术发展的很重要力量。

2016年世界人口总数达到72亿，其中有7.8亿人面临着饥饿威胁。根据联合国粮农组织预测，到2050年，全球人口将超过90亿，尽管人口较目前只增长25%，但由于生活水平的提高和膳食结构的改善，对粮食需求量将增长70%。与此同时，全球又面临着土地资源紧缺、化肥农药过度使用造成的土壤和环境破坏等问题。如何在耕地资源有限的情况下增加农业的产出，同时保持可持续发展？人工智能是解决方法之一，其展示出巨大的应用潜力。

（1）土壤、病虫害探测等智能识别系统（图16-6）。人工智能在农业领域可实现土壤探测、病虫害防护、产量预测、畜禽患病预警等功能。

图16-6 病害智能诊断

在土壤探测领域，Intelin Air 公司开发了一款无人机，通过类似核磁共振成像技术拍下土壤照片，通过电脑智能分析，确定土壤肥力，精准判断适宜栽种的农作物。在病虫害防护领域，生物学家戴维·休斯和作物流行病学家马塞尔·萨拉斯将关于作物叶子的 5 万多张照片导入计算机，并运行相应的深度学习算法开发了一款手机 App——Plant Village（美国），农户将在合乎标准光线条件及背景下拍摄出来的农作物照片上传，App 能智能识别作物所患虫害。目前，该款 App 可检测出 14 种作物的 26 种疾病，识别准确率高达 99.35%。此外，该款 App 上还有用户和专家交流的社区，农户可咨询专家有关作物所患病虫害的解决方案。在产量预测领域，美国 Descartes Labs 公司通过人工智能和深度学习技术，利用大量与农业相关的卫星图像数据，分析其与农作物生长之间的关系，从而对农作物的产量做出精准预测。据测算，这家公司预测的玉米产量比传统预测方法准确率高出 99%。在畜牧业领域，加拿大 Cainthus 机器视觉公司通过农场的摄像装置获得牛脸以及身体状况的照片，进而对牛的情绪、健康状况、是否到了发情期等进行智能分析判断，并将结果及时告知农场主。

（2）耕作、播种、采摘等智能机器人。将人工智能识别技术与智能机器人技术相结合，可广泛应用于农业中的播种、耕作、采摘等场景，极大提升农业生产效率，同时降低农药和化肥消耗。在播种环节，美国 David Dorhout 研发了一款智能播种机器人 Prospero，其可以通过探测装置获取土壤信息，然后通过算法得出最优化的播种密度并且自动播种。在耕作环节，美国 Blue River Technologies 生产的 Lettuce Bot 农业智能机器人可以在耕作过程中为沿途经过的植株拍摄照片，利用电脑图像识别和机器学习技术判断是否为杂草，或长势不好/间距不合适的作物，从而精准喷洒农药杀死杂草，或拔除长势不好或间距不合适的作物。据测算，Lettuce Bot 可以帮助农民减少 90% 的农药化肥使用。在采摘环节，美国 Aboundant Robotics 公司开发了一款苹果采摘机器人，其通过摄像装置获取果树的照片，用图片识别技术识别适合采摘的苹果，结合机器人的精确操控技术，可以在不破坏果树和苹果的前提下实现一秒一个的采摘速度，大大提升工作效率，降低人力成本。

（3）禽畜智能穿戴产品。智能穿戴产品主要应用在畜牧业，其可以实时搜集所养殖畜禽的个体信息，通过机器学习技术识别畜禽的健康状况、发情期探测和预测、喂养状况等，从而及时获得相应处置。以日本 Farmnote 开发的一款用于奶牛身上的可穿戴设备"Farmnote Color"为例，它可以实时收集每头奶牛的个体信息。这些数据信息会通过配套的软件进行分析，采用人工智能技术分析出奶牛是否出现生病、排卵或是生产的情况，并将相应信息自动推送给农户，以得到及时的处理。

16.4.3　人工智能技术范式下的农业变革与发展

互联网为代表的新技术为农业的发展与创新提出了一系列全新的要求。人工智能技术的加盟为农业领域的信息超载提供了新的技术解决范式；人工智能孵化下的农作物种业技术在原有的空间聚合型表达的基础上增添了一种时间进程型表达，以使人们对现实的把握更为全面客观（图 16-7）。以互联网为代表的新传播革命正在重构我们的世界，新技术引发全新的社会形态，构建全新的社会关系，为农业的发展与创新提出了一系列全新的要求，传统的理论和实践范式难以解决新技术带来的一系列新业态、新机制和新逻辑，发展和运作范式的改革便成为当下农业发展的当务之急。

图 16-7　人工智能与农业

（1）人工智能为信息超载提供技术解决范式。近年来，人工智能应用于农业生产的趋势越来越明显，在 21 世纪初农业生产、种植、收获全产业链及产量计算中都有大数据分析与预测，业内人士普遍关心的问题在于，人工智能在农业发展呈现何种态势？机器控制农作物有哪些优势和不足？诚然，人工智能正呈现出一种加速发展的态势。

农业领域的人工智能和两方面因素相关，一个是种植生产，一个是信息通路市场销售。从信息通路和信息导引的角度来看，人工智能已经成为农业领域精确控制的关键资源、成为农业产品的标准配置。在当前个性化、分众化消费的时代，如果产品还停留在不问目标的普遍"撒网"、目标对象不明晰的水平上，那该产品的价值实现相对就会比较低。

内容配置基于用户洞察的数据会成为特殊的信息通路，使合适的资讯和合适的人在合适的场景彼此之间形成耦合，这就是人工智能时代"信息通路"的功能体现。现在的大数据的使用其实是和人工智能的信息处理方式联系在一起的，它会成为用户洞察、效果评估和内容渠道构建的关键。当前任何一种基于现代化模式的生产都应该有智能化处理的数据与之搭配，这样才能达到条条大路通罗马的效果，而这恰恰是新业态农业等技术在一些增产技术上不断创新的关键所在。

当前的用户洞察和算法还不够聪明，还停留在基于用户行为数据的层面，实际上真正好的算法是依靠关系数据才能真正解决对于用户需求的"洞察"。因此，从这个意义上说，农业供给侧结构性改革是适合当前中国农业发展的必由之路。人作为一种关系性的动物，就是通过关系来划定其社会半径和行动空间的。对用户关系的把握，其实就是在一定程度上把握了用户交往和社会实践的需求。这样的计算能较为全面地把握住用户需求的基本面和重点，但这种计算目前是在国家宏观调控措施背景下农业的大数据与个体农业及农户小数据收集、开发利用相辅相成，相互支撑的。当前农业在用户洞察方面的数据算法还存在缺陷，但这并不是计算性平台致命的缺陷，只是该算法目前还不够好、不够完善，有待进一步的提升、进一步的智能化。因此人工智能和大数据的结合成为了2017年科技行业发展的一个现象级趋势。有人说，2017年自动学习会成为一种通用技术。智能化的一个基础性的技术手段就是让机器按照人设定的规矩和格局来运行。例如学习种子培育，种植生产收获全产业链监控与操作，产量预测分析，农作物市场销售及价格机制制订都会产生深远影响。

另外，相对于前面我们所谈到的如何了解用户的需求、如何实现精确推送和用户关联，在大数据的支持下，机器可以根据大量的气候数据和土壤墒情的分析来对农作物质量进行定义，从而形成特定的品质，通过人工智能对基因分析可以对病虫害防治产生积极解决办法。

人有天生的直觉和跨界的通感能力，现阶段的机器还没有这类跨界与通感能力。我们可以通过直觉和顿悟去把握一个人、一种事态的感觉，但机器却无法理解和模仿这种行为。人工智能在未来的农业生产中直接输出产量及销售方面都会起到极大的作用。以机器翻译为例，人工智能对农作物信息语言进行翻译表达。例如，农作物干旱缺水还是涝病倒伏都会作出分析判断并作出解决方法，说明人工智能在农作物语言表达分析上还会不断完善。

（2）人工智能孵化下的VR技术在农作物领域应用。VR技术所提供的沉浸式体验往往会给用户带来全新的感知，从而达到意想不到的传播效果。但基于对VR技术逻辑的把握，我们认为VR农业不会对农业生产模式产生颠覆式的改变。须知，任何一种新的农业表达方式只是使得人们看待世界的角度和方式更丰富一些，多了一些认识的窗口。

VR是一种将现实和想象无缝连接的技术，应用在农业生产领域将会有广阔的视角及更多观察农作物生长的平台。

16.4.4 人工智能推进农业技术跟进

农业与网络结合，衍生出农业物联网设施，比如田间摄像头、温度湿度监控、土壤监控、无人机航拍等，这些设施能够为农业管理提供海量的实时数据。更有甚之处在于，还可以通过卫星对农田间其他设备拍摄的照片进行智能识别和分析，像是天气预测和产量预测。智能化的趋势促使不少企业开始进行转型升级，如在上海金山区，建成了首个全机器人智慧农场，已经拥有了 6 款自主知识产权的农业机器人，开垦、除草、施肥都可以由机器人完成。人工智能在农业领域的研发及应用早在本世纪初就已经开始，这其中既有耕作、播种和采摘等智能机器人，也有智能探测土壤、探测病虫害、气候灾难预警等智能识别系统，还有在家畜养殖业中使用的禽畜智能穿戴产品。这些应用正在帮助我们提高产出、提高效率，同时减少农药和化肥的使用。太空中的卫星可以帮助探测气候是否会出现干旱；田间的拖拉机可以观察种植物并剔除不良作物；而基于人工智能的智能手机应用可以实时告诉农业人员什么疾病正在对农作物产生影响。

通过各种识图软件对着花草拍照扫描一下就知道了，不仅仅是帮你识别你不认识的农作物，它们能够帮农户智能识别农作物的各种病虫害。农户把患有病虫害农作物的照片上传，App 就会识别出农作物发生了哪种病虫害，并且可以给出相应的处理方案。除了人工智能给出的处理方案，App 上还有用户和专家交流的社区，可以针对相应的病虫害进行讨论交流。

在智能化农间管理中，机器人的诞生也在一定程度上助推农业高速发展。比如位于美国加州的农业机器人公司，研制出的农业智能机器人可以智能除草、灌溉、施肥和喷药，并且利用电脑图像识别技术来获取农作物的生长状况，通过机器学习，分析和判断出杂草是否需要清除，以及哪里需要灌溉、施肥、打药。还有些像智能播种机器人，可以通过探测装置获取土壤信息，然后通过算法得出最优化的播种密度并且自动播种，完全不需要人工。智能农业机器人的出现解放了农民的双手，在增产增量的同时，提高了效率。可想而知，未来农业智能化趋势毋庸置疑，对相关机械设备企业来说，实时跟进最新技术必不可少。

除了播种和田间管理，农业智能机器人还可以帮我们采摘成熟的蔬果。据国外媒体报道，一种新型的智能工具——"柔软"机器人手臂即将诞生，不仅能够区分水果成熟度，并能完成采摘、包装等一系列动作。而且，这种机器人手臂具备一个类似橡胶材质且中间具有腔室的中空的"手指"，这个"手指"可以通过自身的弯曲甚至是扭曲来适应物体的各种不规则形状。与此同时，机器人内置的一套智能应用程序可以轻而易举地区分水果或者蔬菜是否已经成熟。像这样的智能采摘机器人，能够完全代替人工劳动，在降低成本的同时还可以节省大量资源，有着明显的优势。再如上述的上海金山区全机器人智慧农场，目前也在积极研发一款采摘机器人，同样地将具备智能化辨别及采摘能力。

近几年，"植物工厂"开始盛行，很多企业纷纷加入其中，这一种植的独特之处在于把蔬菜、水果等种在工厂内，而不是农田里。这样的种植模式有利用解决土地资源紧缺等问题，而且农作物使用科技化培育后品质得到一定提升。其中，也有些企业开始在自身工厂中加入智能化元素，比如双孢菇的种植。相比欧美等发达国家，国外的双孢菇生产基本实现全过程智能工厂化，为填补此类装备技术的缺失，浙江宏业新能源有限公司研发出双孢菇工厂化种植智能装备，从拌料、堆肥、发酵等生产环节均已实现食用菌工厂化生产工艺机械化。这一智能化设备提升了双孢菇产量、原料利用率和生产效率。可见，市场需求推进了智能化发展，而人工智能的发展促使相关企业对生产设备、技术等进行推陈出新。

从我国目前形势来看，人工智能在农业领域的应用才刚刚开始，未来将势不可当。对于这一市场趋势，相关生产企业及机械设备企业最关键的在于是否符合市场需求以及是否有与时俱进的精神。同时，制造、引进更多像新型播种机器人、采摘机器人等技术与设备，坚持研发创新的精神，推动农业产业蓬勃发展。

参考文献

白鸥，李欣.2002.俄罗斯GLONASS系统发展现状与趋势［J］.解放军测绘研究所学报，22（2）：54-59.

卜天然，吕立新，汪伟.2009.基于Tiny OS无线传感器网络的农业环境监测系统设计［J］.农业网络信息，（2）：23-26.

常庆瑞.2004.遥感技术导论［M］.北京：科学出版社.

陈劲松，林珲，邵云.2010.微波遥感农业应用研究——水稻生长监测［M］.北京：科学出版社.

陈明德.2004.面向IT服务管理的业务支撑网网管系统体系结构和设计［J］.通信世界（27）.

陈叶海，黄志.2009.加快广东农垦现代热带农业发展的思考［J］.热带农业科学（8）.

邓干然，李明福.2001.热带作物机械在产业化进程中的问题和对策［J］.中国农机化（3）：9-11.

丁长清，慈鸿飞.2000.中国农业现代化之路［M］.北京：商务印书馆.

冯骞.2013.大数据时代的信息处理技术［J］.信息通信，8.

冯汀，文雪刚，文静.2005.搭建中国移动业务支撑网网管系统［J］.电信工程技术与标准化（8）.

耿丽微，钱东平，赵春辉.2009.基于射频技术的奶牛身份识别系统［J］.农业工程学报，25（5）：137-141.

郭苑，张顺颐，孙雁飞.2010.物联网关键技术及有待解决的问题研究［J］.计算机技术与发展（11）：180-183.

韩秀梅，张建民.2006.农业遥感技术应用现状［J］.农业与技术（6）：31-34.

何可.2010.物联网关键技术及其发展与应用［J］.射频世界（1）：32-35.

何书金，王秀红，邓祥征，等.2006.中国西部典型地区土地利用变化对比分析［J］.地理研究（1）.

何志钧.2013.理解"大数据"时代［J］.新闻研究导刊（5）.

侯洁如，徐军，丁兰.2016.智慧小镇：未来城市生活的新样本［N］.中国改革报（5）：1-3.

黄贵平，杨林，任明见，等.2003.专家系统及其在农业上的应用［J］.种子，127（1）：54-57.

康芸，李晓鸣.2000.试论农业现代化的内涵和政策选择［J］.中国农村经济（9）.

柯建国，陈长青，柳建国，等.1998.农业生态系统智能决策支持系统初探［J］.南京农业大学学报，12（5）：19-24.

李道亮.2012.农业物联网导论［M］.北京：科学出版社.

李明福.2001.对热带农业机械科技开发的思考［J］.中国农机化（1）：22.

李明福，邓干然.2000.热作机械企业面临的困境与对策［J］.热带农业工程（4）：1-4.

李卫国，李秉柏，王志明，等.2006.作物长势遥感监测应用研究现状和展望［J］.江苏农业科学（3）.

林明星，付晨.基于神经网络的多传感器信息融合技术［J］.新技术工艺.

刘海南.2017.基于"大数据"时代背景下计算机信息处理技术的研究［J］.数字通信世界（9）.

刘建，汪宏宇，刘艳武．2005．北斗导航定位系统的民用状况及发展前景［J］．卫星应用，13
　　（2）：36-43．

刘军，阎芳，杨玺，等．2013．物联网技术［M］．北京：机械工业出版社．

刘玲．2006．全球主要农作物产量气象卫星遥感监测和综合估产研究［J］．中国气象科学研究院
　　年报（英文版）．

刘美生．2006．全球定位系统及其应用综述（一）——导航定位技术发展的沿革［J］．中国测试
　　技术，32（5）．

刘顺英，高留建，何传龙．2017．特色小镇的配套设施设计——以梦想小镇、云栖小镇规划设计
　　为例［J］．园林（1）：40-46．

刘晓光，方佳，张慧坚．2008．世界热带农业科技发展现状及趋势［J］．农业科技管理，27（2）：
　　13-16．

卢泰宏．1998．信息分析［M］．广州：中山大学出版社．

卢小宾，黄祥芸．2006．我国信息分析活动的现状分析与发展对策［J］．情报资料工作．

吕立新，汪伟，卜天然．2009．基于无线传感器网络的精准农业环境监测系统设计［J］．计算机
　　系统应用（8）：5-9．

罗春贤．2003．论信息分析方法体系［J］．现代情报．

马德新．2014．基于 Web 的物联网体系结构和感知域关键技术研究［D］．北京：北京邮电大学．

孟波，付微．1998．基于 Intranet 的管理信息系统和决策支持系统［J］．决策借鉴（3）：37-40．

钱学军．2005．中国农业现代化进程中的农业信息化研究［D］．北京：中国农业大学．

施卫东，高雅．2012．基于产业技术链的物联网产业发展策略［J］．科技进步与对策（4）．

唐华俊，周清波．2005．资源遥感与数字农业［M］．北京：中国农业科学技术出版社．

唐世浩，朱启疆，闫广建，等．2002．关于数字农业的基本构想［J］．农业现代化研究，23（3）：
　　183-187．

唐延林，黄敬峰．2001．农业高光谱遥感研究的现状与发展趋势［J］．遥感技术与应用（6）：248-251．

唐延林，王人潮．2002．遥感技术在精准农业中的应用［J］．现代化农业（2）：33-35．

万余床．2006．高光谱遥感应用研究［M］．北京：科学出版社．

王春乙，王石立，霍治国，等．2005．近10年来中国主要农业气象灾害监测顶警与评估技术研究
　　进展［J］．气象学报．

王惠南．2003．GPS 导航原理与应用［M］．北京：科学出版社．

王金丽．2006．热带作物机械研究发展分析［J］．中国农垦（9）：28-29．

王金丽，黄晖，马孟发．2005．2004年热带作物机械基本情况［J］．热带农业工程（2）：11-13．

王金丽，林兰清．2006．2005年热带作物机械基本情况［J］．热带农业工程（2）：21-23．

王娟．2004．发展电脑农业之我见［J］．莱阳农学院学报：社会科学版（2）：14-17．

王儒敬．2013．我国农业信息化发展的瓶颈与应对策略思考［J］．中国科学院院刊，28（3）：
　　337-343．

王雪．2008．测试智能信息处理［M］．北京：清华大学出版社．

王雪，王晟．2009．现代智能信息处理实践方法［M］．北京：清华大学出版社．

王雅珉．2017．"大数据"时代的计算机信息处理技术［J］．电子技术与软件工程（10）．

卫龙宝，史新杰．2016．浙江特色小镇建设的若干思考与建议［J］．浙江社会科学（3）：28-31．

温孚江．2013．农业大数据研究的战略意义与协同机制［J］．高等农业教育（11）：2．

翁丽．2013．浅议物联网发展对国家审计的影响［C］．无锡：江苏省国家审计信息化专题研讨会
　　论文集．

吴晓进．2005．GPS 现代化的背景、目标和措施［J］．船用导航雷达，75（4）：1-4．

肖小艳．2016．"大数据"时代的计算机信息处理技术［J］．电脑知识与技术（23）．

谢琪，田绪红，田金梅．2009．基于 RFID 的养猪管理与监测系统设计与实现［J］．广东农业科学

（12）：204-206.

新大陆时代教育科技有限公司.2015.物联网工程应用系统实训［S］.

徐显荣，高清维，李中一.2009.一种用于农业环境监测的无线传感器网络设计［J］.传感器与微系统（7）：98-100.

徐珍玉.2015."物联网+"现代农业发展新机遇［J］.上海信息化（6）：22-24.

许建帮.2017.试析"大数据"时代背景下计算机信息处理技术［J］.电脑迷（11）.

宣杏云，王春法，等.1998.西方国家农业现代化的透视［M］.上海：远东出版社.

杨建洲.2000.区域森林资源宏观决策支持系统框架设计［J］.北京林业大学学报，22（3）：48-51.

杨敏华，胡惠萍.2000.试谈遥感发展与农业信息获取［J］.应用技术（4）：44-46.

杨敏，赵春生，张涛，等.2002.3S技术在精细农业发展中的应用［J］.河北农业大学学报，25（4）：241-243.

杨志根，战兴群，朱文耀.2006.全球第一个民用卫星导航定位系统［J］.科学，58（2）：10-13.

易小平，王家保，易运智.2004.海南椰子2种新类型［J］.热带作物学报，25（4）：18-20.

尹俊梅，陈业渊.2005.中国热带作物种质资源研究现状及发展对策［J］.热带农业科学，25（6）：55-60.

尤飞.2005.中国热作产业发展形势浅析［J］.中国热带农业（1）：1-2.

于海斌，梁炜，曾鹏.2013.智能无线传感器网络系统［M］.北京：科学出版社.

于小玉，卢祁.2010.物联网与传感器的关系：访北京昆仑海岸传感技术中心总经理刘伯林先生［J］.中国仪器仪表（12）：29-32.

曾晓娟，丁超英，文红霞，等.2004.探讨实现农业信息化的有效途径［J］.农业图书情报学刊（2）：34-37.

张凯书，张怡，严杰.2012.智慧园区信息化建设解决方案［J］.信息通信（6）：118-119.

张奇.2017."大数据"时代背景下计算机信息处理技术的分析［J］.通讯世界（3）.

张前勇.2006.基于3S技术的精准农业［J］.安徽农业科学，34（16）：4170-4171.

张实.2003.基于Web Services的异构数据源共享［D］.长沙：国防科技大学，12-17.

张小栓，傅泽田，侯丽薇.2001.论我国农业机械化发展支持体系的完善［J］.农业机械学报，32（4）：126-127.

张晓东，毛罕平，倪军.2009.作物生长多传感信息检测系统设计与应用［J］.农业机械学报（9）：164-170.

张晓东，毛罕平，倪军，等.2009.作物生长多传感信息检测系统设计与应用［J］.农业机械学报，40（9）：164-170.

张燕.1998.县（市）经济可持续发展决策支撑系统设计研究［J］.地理科学进展，17（3）：71-79.

张章浩，西良，周士冲.2005.信息技术在农业中的应用［J］.农业装备技术（6）.

赵春，雷乔治·纳汉.2012."大数据"时代的计算机信息处理技术［J］.世界科学，2.

赵海霞.2010.物联网关键技术分析与发展探讨［J］.中国西部科技（14）：25-26.

周英伟.2011.电信业务支撑网运营管理系统的优化［D］.成都：电子科技大学.

周钰.2014.基于智能手机的电动车锂电池管理系统的应用研究［D］.苏州：苏州大学.

Ampatzidis Y G, Vouqioukas S G. 2009. Field experiments for evaluating the incorporation of RFID and barcode registration and digital weighing technologies in manual fruit harvesting［J］.

Botts M, Percivall G, Reed C, et al. 2008. OGC Sensor Web Enablement：Overview and High Level Architecture［M］. Nittel S, LabrinidisA, Stefanidis A, Springer Berlin Heidelberg, 4540, 175-190.